Forschungsberichte iwb

Band 114

Berichte aus dem
Institut für Werkzeugmaschinen
und Betriebswissenschaften
der Technischen Universität
München

Herausgeber:
Prof. Dr.-Ing. G. Reinhart
Prof. Dr.-Ing. J. Milberg

Springer-Verlag Berlin Heidelberg GmbH

Thomas Löffler

Akustische Überwachung automatisierter Fügeprozesse

Mit 85 Abbildungen

Springer

Dr.-Ing. Thomas Löffler
Institut für Werkzeugmaschinen und Betriebswissenschaften (iwb), München

Univ.-Prof. Dr.-Ing. G. Reinhart
o. Professor an der Technischen Universität München
Institut für Werkzeugmaschinen und Betriebswissenschaften (iwb), München

Univ.-Prof. Dr.-Ing. J. Milberg
o. Professor an der Technischen Universität München
Institut für Werkzeugmaschinen und Betriebswissenschaften (iwb), München

D91

ISBN 978-3-540-64511-5 ISBN 978-3-662-05639-4 (eBook)
DOI 10.1007/978-3-662-05639-4

Ursprünglich erschienen bei Springer-Verlag Berlin Heidelberg New York in 1997

Gesamtherstellung: Hieronymus Buchreproduktions GmbH, München.

SPIN: 10680080 62/3020-543210

Geleitwort der Herausgeber

Die Produktionstechnik ist für die Weiterentwicklung unserer Industriegesellschaft von zentraler Bedeutung. Denn die Leistungsfähigkeit eines Industriebetriebes hängt entscheidend von den eingesetzten Produktionsmitteln, den angewandten Produktionsverfahren und der eingeführten Produktionsorganisation ab. Erst das optimale Zusammenspiel von Mensch, Organisation und Technik erlaubt es, alle Potentiale für den Unternehmenserfolg auszuschöpfen.

Um in dem Spannungsfeld Komplexität, Kosten, Zeit und Qualität bestehen zu können, müssen Produktionsstrukturen ständig neu überdacht und weiterentwikkelt werden. Dabei ist es notwendig, die Komplexität von Produkten, Produktionsabläufen und -systemen einerseits zu verringern und andererseits besser zu beherrschen.

Ziel der Forschungsarbeiten des *iwb* ist die ständige Verbesserung von Produktentwicklungs- und Planungssystemen, von Herstellverfahren und Produktionsanlagen. Betriebsorganisation, Produktions- und Arbeitsstrukturen sowie Systeme zur Auftragsabwicklung werden unter besonderer Berücksichtigung mitarbeiterorientierter Anforderungen entwickelt. Die dabei notwendige Steigerung des Automatisierungsgrades darf jedoch nicht zu einer Verfestigung arbeitsteiliger Strukturen führen. Fragen der optimalen Einbindung des Menschen in den Produktentstehungsprozeß spielen deshalb eine sehr wichtige Rolle.

Die im Rahmen dieser Buchreihe erscheinenden Bände stammen thematisch aus den Forschungsbereichen des *iwb*. Diese reichen von der Produktentwicklung über die Planung von Produktionssystemen hin zu den Bereichen Fertigung und Montage. Steuerung und Betrieb von Produktionssystemen, Qualitätssicherung, Verfügbarkeit und Autonomie sind Querschnittsthemen hierfür. In den *iwb*-Forschungsberichten werden neue Ergebnisse und Erkenntnisse aus der praxisnahen Forschung des *iwb* veröffentlicht. Diese Buchreihe soll dazu beitragen, den Wissenstransfer zwischen dem Hochschulbereich und dem Anwender in der Praxis zu verbessern.

Joachim Milberg *Gunther Reinhart*

Vorwort

Die vorliegende Dissertation entstand während meiner Tätigkeit als wissenschaftlicher Mitarbeiter am Institut für Werkzeugmaschinen und Betriebswissenschaften (*iwb*) der Technischen Universität München.

Herrn Prof. Dr.-Ing. Dr. h.c. Dr. Ing. E.h. Joachim Milberg und Herrn Prof. Dr.-Ing. Gunther Reinhart, den Leitern dieses Instituts, gilt mein besonderer Dank für die wohlwollende Förderung und großzügige Unterstützung meiner Arbeit.

Bei Herrn Prof. Dr.-Ing. Joachim Heinzl, dem Leiter des Lehrstuhls für Feingerätebau und Mikrotechnik der Technischen Universität München, möchte ich mich für die Übernahme des Koreferates und die aufmerksame Durchsicht der Arbeit sehr herzlich bedanken.

Darüberhinaus bedanke ich mich bei allen Mitarbeiterinnen und Mitarbeitern des Instituts sowie allen Studenten, die mich bei der Erstellung meiner Arbeit unterstützt haben, recht herzlich.

München, im März 1998 *Thomas Löffler*

Inhaltsverzeichnis

1 Einleitung 1

1.1 Ausgangssituation 1

1.2 Einordnung und Zielsetzung der Arbeit 4

1.3 Vorgehen im Rahmen der Arbeit 5

2 Stand der Erkenntnisse 7

2.1 Begriffsbestimmung 7

2.2 Verfahren der Qualitätslenkung 8

2.3 Verfahren der Prozeßlenkung 14

2.3.1 Einführung 14

2.3.2 Prozeßprüfung in der Teilefertigung 17

2.3.3 Prozeßprüfung in der Montage 19

2.4 Akustische Prüfsysteme 23

2.5 Zusammenfassung 24

3 Grundlagen der Akustik und der akustischen Meßtechnik 25

3.1 Begriffsbestimmung 25

3.2 Schallentstehung 28

3.2.1 Schallentstehung durch makroskopische Verformung 28

3.2.2 Schallentstehung durch mikroskopische Verformung 30

3.2.3 Schallentstehung durch Strömungen 32

3.3 Schallausbreitung 33

3.3.1 Schallausbreitung in Festkörpern 33

3.3.2 Schallausbreitung in Luft 34

3.4 Schallmessung 35

3.4.1 Luftschallmessung 35

3.4.2 Körperschallmessung 36

3.4.3 Meßwerterfassung 38

3.5 Schallanalyse 39

3.5.1 Filterung 41

3.5.2 Statistische Größenbestimmung 42

3.5.3 Frequenzanalyse 43

3.6 Zusammenfassung 43

4 Anforderungen an die akustische Fügeprozeßüberwachung 44

5 Konzept der akustischen Fügeprozeßüberwachung 46

6 Grundlegende experimentelle Untersuchungen 51

6.1 Einführung und Zielsetzung 51

6.2 Fügeprozesse und Geräuschmuster 51

6.2.1 Einpressen und Federnd Einspreizen 52

6.2.2 Stanznieten 55

6.2.3 Schrauben 58

6.2.4 Zusammenfassung 59

6.3 Bewertung der Geräuschverläufe hinsichtlich Fügefehler 59

6.3.1 Prinzipielle Einsatzmöglichkeiten 60

6.3.1.1 Überwachung von Fügeprozessen 60

6.3.1.2 Überwachung von Handhabungsprozessen 66

6.3.2 Vorzugsweise nutzbare Einsatzmöglichkeiten 69

6.3.2.1 Überwachung der Federwirkung beim Fügen durch Federnd Einspreizen 70

6.3.2.2 Überwachung von elastischer/plastischer Verformung beim Fügen durch Umformen und beim Schrauben 72

6.3.2.3 Schlußfolgerung 77

6.3.3 Zusammenfassung 77

6.4 Probleme bei der Akustischen Überwachung und deren Lösungsmöglichkeiten 79

6.4.1 Zuordnung des Meßsignals zum Prozeßverlauf 79

6.4.2 Störsignale 80

6.5 Zusammenfassung 83

7 Methodische Vorgehensweise zur Integration der akustischen Überwachung 85

7.1 Zielsetzung 85

7.2 Voraussetzungen zur Anwendung der Methode 86

7.3 Methode zur Integration der Fügeprozeßüberwachung 86

7.3.1 Dokumentation der Ausgangssituation 88

7.3.2 Planung der Integration der Prozeßüberwachung 88

7.3.3 Durchführung der Versuche 90

7.3.4 Analyse der Meßergebnisse 90

7.4 Zusammenfassung 94

8 Anwendungsbeispiel 95

8.1 Ausgangssituation 95

8.1.1 Produktbeschreibung 95

8.1.2 Beschreibung der Prüfsituation 96

8.1.3 Prozeßbeschreibung 96

8.1.4 Beschreibung der Fügestation 97

8.2 Versuchsplanung 98

8.2.1 Aufstellung der Einflußgrößen 98

8.2.2 Auswahl und Anbringung der Prozeßsensorik 98

8.2.3 Beschreibung des Meßsystems 101

8.2.4 Erstellung des Versuchsplans 101

8.3 Versuchsdurchführung und Analyse der Signale 103

8.3.1 Aufnahme der Prozeßsignale und Signalinterpretation 103

8.3.1.1 Fügekräfte 103

8.3.1.2 Luftschallsignal 104

8.3.1.3 Beschleunigungssignal 105

8.3.1.4 Vibrometersignal 105

8.3.2 Vorauswahl der Merkmale 106

8.3.2.1 Vorauswahl von Kraftmerkmalen 106

8.3.2.2 Vorauswahl von akustischen Merkmalen 107

8.3.3 Bestimmung der Parametereinflüsse 108

8.3.3.1 Parametereinflüsse auf die Kraftmerkmale 108

8.3.3.2 Parametereinflüsse auf die Merkmale des Luftschalls 110

8.3.3.3 Parametereinflüsse auf die Merkmale des Beschleunigungssignals 112

8.3.4 Auswahl robuster Merkmale 113

8.3.4.1 Erkennungsraten der Kraftmerkmale 113

8.3.4.2 Erkennungsraten der Merkmale des Luftschalls 113

8.3.4.3 Erkennungsraten der Beschleunigungsmerkmale 114

8.3.5 Diskussion der Ergebnisse 114

8.4 Zusammenfassung 116

9 Zusammenfassung 118

10 Literatur 119

1 Einleitung

1.1 Ausgangssituation

In Deutschland hat sich seit Ende des zweiten Weltkrieges der Anspruch an die Qualität der Produkte ständig gewandelt. In den ersten Jahren nach Kriegsende waren Konsumgüter nicht in ausreichender Menge verfügbar. Der Konsument war froh, beliefert zu werden und nahm die Produkte ab, die er bekommen konnte. Für die Unternehmen stand die Versorgung des Marktes im Vordergrund, die Qualität der Produkte spielte eine untergeordnete Rolle. Die Qualität der Produkte wurde von den Unternehmen festgelegt *(TÜV AKADEMIE 1995)*.

Zur Zeit des Wirtschaftswunders veränderte sich diese für den Kunden unbefriedigende Situation, und es stellte sich ein Ausgleich zwischen Angebot und Nachfrage ein. Ein ständig steigendes Angebot löste einen Wettbewerb aus, in dem sich die Industrieunternehmen durch niedrige Verkaufspreise und mit hoher Qualität (Abb. 1.1) gegenüber den Wettbewerbern zu profilieren versuchten.

Mittlerweile hat sich der Markt vollständig vom Lieferanten- zum Käufermarkt entwikkelt, in dem der Kunde ein sich ständig erweiterndes Qualitätsverständnis definiert *(Reinhart u.a. 1996)*. Umweltverträglichkeit, Verfügbarkeit am Markt, Kundenservice oder Markenprestige sind Beispiele für weitere Kriterien, auf die der Kunde heutzutage großen Wert legt.

Abb. 1.1: Qualität in der Werbung der 50er-Jahre (Auto Motor Sport 1959)

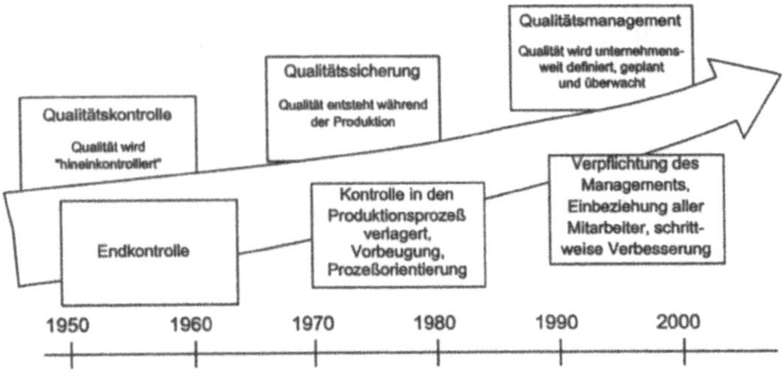

Abb. 1.2: Entwicklung zum Qualitätsmanagement

Um den kontinuierlich steigenden Qualitätsanforderungen gerecht zu werden, wurden in den Unternehmen verschiedene Maßnahmen eingeführt, die eine ständige Steigerung der Produktqualität zur Folge hatten (Abb. 1.2). Zunächst wurden im Rahmen von Qualitätskontrollen die Produkte vor dem Versand einer Prüfung unterzogen. Fehlerhafte Produkte wurden nachgebessert oder aussortiert. Das Nachbessern stellte sich jedoch bei zunehmend komplexen Produkten als immer schwieriger und das Aussortieren als sehr unwirtschaftlich heraus. Deshalb wurde die Qualitätskontrolle immer weiter verfeinert, und es wurden Zwischenprüfungen an Produktkomponenten und Bauteilen sowie statistische Prüfmethoden eingeführt.

Da die Prüftechnik und -methoden immer aufwendiger wurden, entwickelte sich für die Prüfaufgaben ein neuer Unternehmensbereich, das Qualitätswesen. Weiter steigende Qualitätsanforderungen und die hohen Kosten für die nicht wertschöpfenden Prüftätigkeiten bewirkten, daß nach neuen Methoden und Strategien gesucht wurde, mit denen Fehler von vornherein vermieden und eine Verringerung der Kontrollen ermöglicht wurde. In diesem Zusammenhang rückten die Verfahren zur Herstellung der Produkte in den Mittelpunkt *(Westkämper u.a. 1995)*. Das Produkt, als Ergebnis von in verschiedenen Herstellungsverfahren verarbeiteten Ausgangsmaterialien, erfüllt genau dann die hohen Qualitätsansprüche, wenn die Qualität der Ausgangsmaterialien, die Qualität der Entwicklung und Planung und die Qualität der Herstellungsverfahren gewährleistet ist *(Rinne & Mittag 1989 S.4)*. Deshalb wird die Kontrolle bzw. Prüfung immer häufiger in die Herstellungsverfahren hinein verlagert und eine Prüfung der gelieferten Materialien vom Lieferanten gefordert. Die Qualität wird dadurch zielgerichtet erzeugt und muß nicht erst in das Produkt „hineinkontrolliert" werden *(Pfeifer & Gimpel 1989, Büttner u.a. 1996)*. Die Verlagerung bewirkt außerdem eine Steigerung der Produktivität des Unternehmens *(Barth & Schoof 1996, Becker*

1995, Kamiske & Theden 1995), da Ausschuß und Nacharbeit verringert und teure und das Markenimage schädigende Rückrufaktionen vermieden werden.

Mittlerweile betrifft das Thema Qualität alle Mitarbeiter im Unternehmen *(Masing 1994)*. Qualität wird unternehmensweit definiert, geplant und überwacht. Qualität ist nach *DIN 55350 Teil 11 (1987)* die Beschaffenheit einer Einheit, bezüglich ihrer Eignung festgelegte und vorbestimmte Erfordernisse zu erfüllen. Aus der Definition wird ersichtlich, daß der Qualitätsbegriff kein absolutes Gütemaß, sondern einen relativen Begriff darstellt und heutzutage neben der Funktionstüchtigkeit der Produkte weitere Qualitätsmerkmale, wie z.B. Gebrauchstauglichkeit, Ausstattung, Zuverlässigkeit, Haltbarkeit, Service- und Umweltfreundlichkeit mit einschließt. Um die Qualitätsanforderungen zu erfüllen, werden technische und organisatorische Maßnahmen in den Unternehmen durchgeführt. Technische Maßnahmen betreffen dabei die Einführung neuer Prüfverfahren und Prüfmittel. Organisatorische Maßnahmen beinhalten die Einführung von qualitätssichernden Methoden in den Konstruktions-, Planungs- und Fertigungsablauf. Bei vielen Firmen führen diese Maßnahmen zu einem unternehmensweiten Qualitätsmanagementsystem, das sie anschließend nach *DIN EN ISO 9000ff (1994)* zertifizieren lassen. Das Zertifikat bestätigt die Durchführung umfangreicher Qualitätssicherungsmaßnahmen, dient als Werbeinstrument und ist in vielen Industriebereichen Voraussetzung für die Vergabe von Aufträgen.

Neben den ständig steigenden Qualitätsansprüchen des Kunden hat auch der Gesetzgeber mit dem 1990 verabschiedeten Produkthaftungsgesetz Einfluß auf die Beziehung zwischen Kunden und Lieferanten genommen *(Jörissen 1990)*. Mit dem Produkthaftungsgesetz wurde die Beweislast neu geregelt, d.h. seit 1990 muß das Produktionsunternehmen nachweisen, daß der Schaden bei der Produktnutzung nicht durch fehlende Sorgfaltspflicht bei der Produkterstellung entstanden ist. Schadensersatzansprüche können nur dann abgewiesen werden, wenn sämtliche Sicherheitsvorschriften, Normen, Richtlinien und Umweltschutzverordnungen eingehalten und die einzelnen Schritte einer sachgerechten Produktentstehung exakt dokumentiert sind *(Bauer 1991a)*.

Die Überwachung und Dokumentation der Qualität stellt damit die Grundlage zur Abwehr von ungerechtfertigten Schadensersatzansprüchen und zur Korrektur betrieblicher Abläufe dar. Vor allem in der Montage, die von *Milberg (1984)* als Sammelbecken aller Fehler bezeichnet wird, ist aufgrund der hohen Anzahl von Fehlern eine Überwachung notwendig, und *Reinhart (1994)* weist in diesem Zusammenhang darauf hin, daß durch die Dokumentation und Rückführung der Daten in die planenden und fertigenden Bereiche Qualitätsprobleme in der Montage wesentlich verringert werden können. Da die Fügeverfahren heute als die wichtigsten Verfahren der industriellen Fertigung der metallverarbeitenden Industrie angesehen werden, die entscheidenden Einfluß auf die Qualität, Zuverlässigkeit und Sicherheit der Produkte haben, wird deren Überwachung immer wichtiger *(Bauer 1991b, S.1)*.

1.2 Einordnung und Zielsetzung der Arbeit

Die Qualitätsansprüche der Kunden und die Herstellkosten in der Montage führen dazu, daß die Anforderungen an die Qualität der montierten Produkte steigen und die Montage zunehmend automatisiert durchgeführt wird. Um eine hohe Produktqualität und eine hohe Funktionssicherheit der Montageanlagen zu erreichen, ist es u.a. notwendig, die automatisierte Fügebewegung im Hinblick auf die Vermeidung von Montagefehlern zu optimieren. Letztlich lassen sich Fügefehler aber nie völlig vermeiden. Die Ursachen liegen zum einen darin, daß sich während der Herstellung der Produkte die Bauteil- und Lagetoleranzen der Fügepartner summieren. Weiter können fehlerhafte Bauteile verarbeitet werden, welche die Qualität der Produkte wesentlich beeinflussen.

Eine Steigerung der Produktqualität und der Funktionssicherheit automatischer Montageanlagen ist in der Regel durch die Integration geeigneter Überwachungsstrategien zu erreichen. Zur Überwachung der Qualität von Fügeverbindungen existieren jedoch nur vereinzelt Überwachungssysteme, die im allgemeinen aus wirtschaftlicher und technischer Hinsicht schnell an ihre Grenzen stoßen, weil sie zum einen in ihrer Einsatzflexibilität begrenzt und damit sehr kostenintensiv sind, zum anderen eine ausreichend detaillierte Überwachung der Qualität von Fügeverbindungen häufig nicht ermöglichen. Aus diesem Grund sind heute nur vereinzelte Anwendungsfälle von Überwachungsmaßnahmen automatisiert hergestellter kraft- und formschlüssiger Fügeverbindungen im Serienbetrieb bekannt.

Bei der Herstellung der Fügeverbindungen treten im allgemeinen typische Rast-, Schnapp-, oder Reibgeräusche auf. Dabei ist es die Regel, daß bei der fehlerfreien Herstellung von Fügeverbindungen andere Geräuschmuster auftreten als bei der Herstellung fehlerbehafteter Fügeverbindungen (Abb. 1.3). Dieses Phänomen ermöglicht prinzipiell den Einsatz von akustischen Meßverfahren zur Überwachung von Fügeverbindungen und stellt damit die Ausgangsposition der Arbeit dar. Im Rahmen der Arbeit sollen grundlegende Erkenntnisse zur akustischen Überwachung von Fügeprozessen erarbeitet werden.

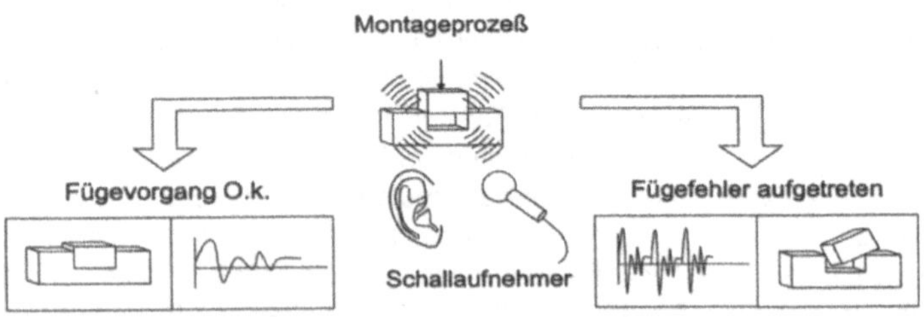

Abb. 1.3: Akustische Überwachung von Fügeprozessen

Die Überwachung sollte sich durch eine hohe Einsatzflexibilität auszeichnen sowie die Überwachung komplexer Fügeverbindungen an schwer zugänglichen Positionen ermöglichen. Dazu werden Geräusche bei der Herstellung häufig vorkommender kraft- und formschlüssiger Fügeverbindungen aufgenommen und die Geräusche fehlerhafter und korrekt montierter Verbindungen miteinander verglichen. Der Vergleich soll durch rechnergestützte Analysemethoden ermöglicht werden und die Beurteilung der Qualität der Verbindung erlauben.

1.3 Vorgehen im Rahmen der Arbeit

Um das beschriebene Ziel zu erreichen, wird die in Abb. 1.4 dargestellte Vorgehensweise gewählt. Zunächst werden in Kapitel 2 die wichtigsten Begriffe und Strategien zur Qualitätslenkung in der Produktion sowie anschließend der Stand der Technik bei der Überwachung der mechanischen Teilefertigung beschrieben. Die Entwicklungen und Erfahrungsberichte bei der Überwachung der mechanischen Teilefertigung stellen eine Grundlage für die Arbeit dar und ermöglichen, die Erfahrungen aus der Teilefertigung auf die spezifischen Bedingungen in der Montage zu übertragen. Nach einer Analyse der Fügeprozeßüberwachung in der Montage wird der Handlungsbedarf für diese Arbeit abgeleitet. Anschließend werden die wesentlichen akustischen Grundlagen erarbeitet und die akustische Meßtechnik beschrieben. Für die rechnergestützte Verarbeitung der akustischen Signale werden Auswertungsalgorithmen vorgeschlagen.

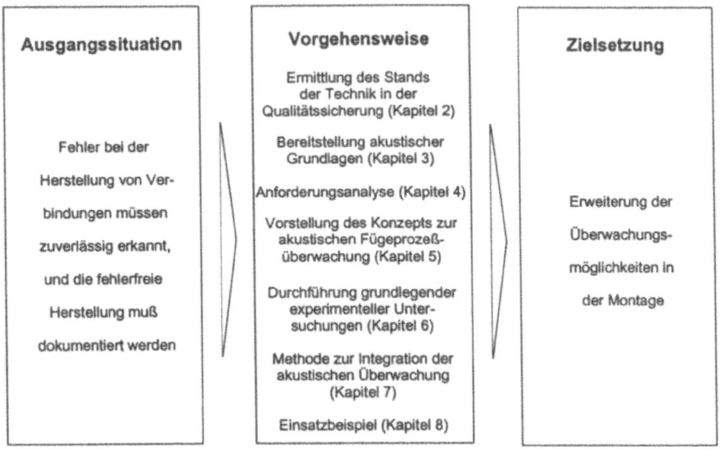

Abb. 1.4: Vorgehen im Rahmen der Arbeit

Nach der Beschreibung des Stands der Technik werden die Anforderungen ermittelt, die an die Überwachung von Montageprozessen hinsichtlich Funktionalität, Flexibilität usw. zu stellen sind.

In Kapitel 5 wird das erarbeitete Konzept der akustischen Fügeprozeßüberwachung erläutert. Dabei werden die Zusammenhänge zwischen Prozeß und Prozeßgeräusch dargestellt, und es wird die grundlegende Vorgehensweise beim Einsatz des Verfahrens beschrieben. Die detaillierte Ausführung des Konzepts erfolgt in den Kapiteln 6 und 7.

In Kapitel 6 werden verschiedene Fügeprozesse akustisch untersucht und die Möglichkeiten der akustischen Überwachung dargestellt. Im Rahmen der Grundlagenuntersuchungen werden sowohl Fügegeräusche in unterschiedlichen Frequenzbereichen als auch die dem Fügeprozeß vorgelagerten Handhabungsprozesse betrachtet. Zur Gewinnung qualitätsrelevanter Merkmale werden die entsprechenden Auswertungsalgorithmen ausgewählt.

Nach der Grundlagenuntersuchung wird in Kapitel 7 eine methodische Vorgehensweise zur Integration eines akustischen Überwachungssystems erarbeitet, welche die Durchführung der akustischen Überwachung bei unterschiedlichen Fügeprozessen unterstützt. Dabei ist eine einfache Umsetzung der gefundenen Ergebnisse und Erfahrungen auf neue Anwendungen anzustreben und eine zielgerichtete Integration notwendig.

Abschließend wird die Einsatzmöglichkeit der akustischen Prozeßüberwachung an einem Praxisbeispiel dargestellt.

2 Stand der Erkenntnisse

Die Überwachung der Qualität in der metallverarbeitenden Industrie ist durch die fortschreitende Entwicklung der Meß- und Prüftechnik einem stetigen Wandel unterworfen. Neben den klassischen Produktprüfungen wird die Produktion durch Prüfungen an Fertigungsverfahren und Betriebsmitteln überwacht. Dabei werden immer neue Prüfverfahren eingeführt, und es wird ein verstärkter Einsatz akustischer Prüfverfahren deutlich.

In den folgenden Abschnitten werden deshalb nach einer Begriffsbestimmung Verfahren der Qualitätslenkung beschrieben und anschließend die Prüfung der Prozesse in der Teilefertigung und der Montage behandelt. Dabei wird schwerpunktmäßig auf die akustischen Meßverfahren, sowohl bei der Prüfung der Prozesse als auch bei der Prüfung der Produkte und Betriebsmittel, eingegangen.

2.1 Begriffsbestimmung

In diesem Abschnitt sollen die für das weitere Verständnis der vorliegenden Arbeit wesentlichen Begriffe aus dem Bereich der Montage, des Qualitätsmanagements und der Meßtechnik erläutert werden. Zur Klärung von Begriffen, die über diese Auswahl hinausgehen, sei auf die umfangreiche Literatur zu dieser Thematik verwiesen *(Hering u.a. 1993, Masing 1994, Pfeifer 1993, Reinhart u.a. 1996, Rinne & Mittag 1989, Schrüfer 1990b).*

Die Herstellung einer Verbindung erfolgt in einem Montageprozeß. Unter Montieren wird die Anwendung von Fügeverfahren verstanden, wobei alle Handhabungs- und Hilfsvorgänge einschließlich des Messens und Prüfens mit eingeschlossen werden (DIN 8593 1985 Teil 0). Fügen stellt ein Verfahren der Hauptgruppe der Fertigungsverfahren nach *DIN 8580 (1985)* dar und ist nach *DIN 8593 (1985 Teil 0)* definiert als das auf Dauer angelegte Verbinden oder sonstige Zusammenbringen von zwei oder mehr Werkstücken geometrisch bestimmter Form oder von ebensolchen Werkstücken mit formlosem Stoff. Handhaben wird dem Materialfluß zugeordnet und nach *VDI 2860 (1990)* als das Schaffen, definierte Verändern oder vorübergehende Aufrechterhalten einer vorgegebenen räumlichen Anordnung von geometrisch bestimmten Körpern in einem Bezugskoordinatensystem beschrieben.

Ein Prozeß kann sowohl materieller als auch immaterieller Art sein. Prozesse sind nach *DIN 66201 (1981)* durch die Umformung, den Transport oder die Speicherung von Materie, Energie und Information gekennzeichnet. Werden die physikalischen Größen durch technische Mittel beeinflußt, spricht man von einem technischen Prozeß. Der Montagevorgang ist demnach ein technischer Prozeß, der sich im Montagesystem vollzieht. Der Begriff Prozeß wird dabei häufig mit einem Substantiv ergänzt, welches z.B. das Fertigungsverfahren näher spezifiziert. Dadurch entstehen Begriffe, wie z.B. Montageprozeß, Fügeprozeß, Handhabungsprozeß.

Die Arbeitstechniken und Tätigkeiten, die zur Erfüllung der Qualitätsforderungen Anwendung finden, werden unter dem Begriff Qualitätslenkung *(DIN EN ISO 8402 1995)* zusammengefaßt. Zur Qualitätslenkung gehören die Lenkung der betrieblichen Prozesse sowie präventive Maßnahmen zur Vermeidung von Fehlern. Ein Fehler wird dabei als Nichterfüllung einer festgelegten Forderung bezeichnet *(DIN EN ISO 8402 1995)*.

Die Prozeßlenkung umfaßt Tätigkeiten zur Überwachung der Prozesse und deren Korrektur. Neben der Erfüllung von Qualitätsforderungen hat die Lenkung der Prozesse deren wirtschaftliche Optimierung zum Ziel.

Unter Überwachung wird im Rahmen der Prozeßlenkung allgemein das kontinuierliche oder intermittierende Beobachten und Vergleichen eines Zustands mit einem bekannten Sollzustand sowie das Melden bei Überschreiten einer vorher definierten Abweichung verstanden (*Behrend 1996 S. 5)*. Überwachen kann damit als fortwährendes Prüfen nach *DIN 1319 (1995 Teil 1)* aufgefaßt werden. Die Geräte, die bei der Überwachung zum Einsatz kommen, werden als Überwachungseinrichtungen oder -systeme bezeichnet. Sie werden oftmals durch das zu überwachende Objekt näher charakterisiert. Beispielsweise sind die Begriffe Werkzeug-, Werkstück- oder Prozeßüberwachungssystem gebräuchlich.

Werden die automatisch durchgeführten Reaktionen aufwendiger, d.h. beschränken sich die Reaktionen nicht nur auf die Alarmierung des Bedienpersonals und wird kontinuierlich in den Prozeß eingegriffen, spricht man von einer Prozeßregelung. Regeln ist nach *DIN 19226 (1985)* ein Vorgang, bei dem fortlaufend eine zu regelnde Größe (Regelgröße) erfaßt, mit einer anderen Größe (Führungsgröße) verglichen und abhängig vom Ergebnis dieses Vergleichs im Sinne einer Angleichung an die Führungsgröße beeinflußt wird. Der sich dabei ergebende Wirkungsablauf findet in einem geschlossenen Kreis, dem Regelkreis statt.

2.2 Verfahren der Qualitätslenkung

Im folgenden Abschnitt werden die Notwendigkeit der Qualitätslenkung sowie die qualitätslenkenden Verfahren in der Teilefertigung und der Montage vorgestellt und bewertet. Dabei werden Schwachstellen der Qualitätslenkung in der betrieblichen Praxis erläutert und Verbesserungsmöglichkeiten abgeleitet. Die Verbesserungsmöglichkeiten beziehen sich dabei auf die Ermittlung der Prüfdaten und deren weitere Verwendung.

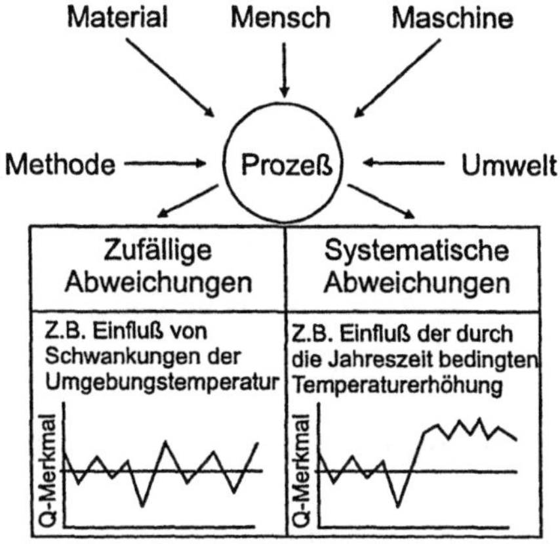

Abb. 2.1: Störungseinflüsse auf einen technischen Prozeß

Die Notwendigkeit für die Qualitätslenkung ergibt sich durch die in der betrieblichen Praxis immer auftretenden Störgrößen, die ständig Veränderungen am Produkt bzw. Prozeß bewirken. Nach *Rinne & Mittag (1989, S.7)* sind nacheinander hergestellte Produkte einer Serienfertigung, bzw. die entsprechenden Prozesse, nie völlig identisch. Die Abweichung von einem vorgegebenen Sollwert ist entweder offensichtlich oder kann mit hoch auflösenden Meßinstrumenten erfaßt werden. Größere Abweichungen treten entweder direkt zwischen aufeinander folgenden Produkten auf oder werden erst nach einem längeren Zeitabschnitt deutlich. Eine langsam zunehmende Abweichung kann z.B. auf Verschleiß des Werkzeugs oder Ermüdung des Personals zurückgeführt werden, während plötzliche Veränderungen z.B. durch Werkzeugbruch verursacht werden. Im allgemeinen sind für die Abweichungen fünf Einflußgrößen verantwortlich *(Hering u.a. 1993, S. 189)*. Die wichtigste Einflußgröße ist der Mensch, der bei nachlassender Konzentration und nicht ausreichendem Fachwissen starken Einfluß auf die Qualität der Produkte nehmen kann. Weitere Einflußgrößen stellen das Betriebsmittel, sowie das Fertigungsverfahren bzw. dessen Genauigkeit, die Qualität der Ausgangsmaterialien und die Umgebung, z.B. der Grad der Verschmutzung, dar (Abb. 2.1).

Die Ursachen für die Abweichungen werden in der Literatur *(Rinne & Mittag 1989, S.7)* nach ihrer Beeinflußbarkeit eingeteilt, und es werden systematische und zufällige Abweichungen unterschieden. Zufällige Ursachen für Qualitätsabweichungen sind durch den Herstellungsprozeß selbst bestimmt und nicht zu beseitigen. Die Größe und Richtung des Einflusses zufälliger Ursachen ist nicht vorherzusagen. Systematische Ursachen lassen sich auf eine oder mehrere der erwähnten Einflußgrößen zurückführen und zeichnen sich dadurch aus, daß sie lokalisiert, beeinflußt und beho-

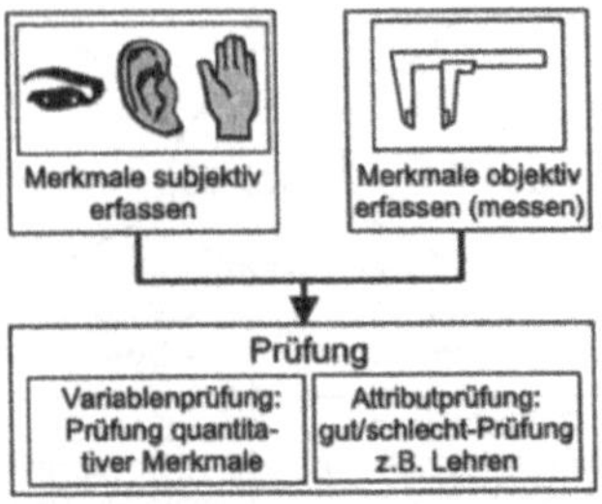

Abb. 2.2: Möglichkeiten der Datenaufnahme beim Prüfen

ben werden können. Der Schwerpunkt der Qualitätslenkung lag bisher auf der Erkennung von Abweichungen, die auf systematische Ursachen zurückgeführt werden können. Um den aktuellen Forderungen, die im Bereich von 1 ppm (max. ein Fehler bei einer Mio. Einheiten) bzw. Null-Fehler liegen, gerecht zu werden, ist die Beschränkung auf die Erkennung systematischer Fehler nicht mehr ausreichend, und es müssen auch die zufälligen Fehler erkannt werden *(Kirstein 1984)*.

Die Qualitätsabweichungen und Fehler werden häufig durch subjektive Prüfungen erfaßt. Subjektive Prüfungen sind Prüfungen, die mit Hilfe einer Sinneswahrnehmung durchgeführt werden. Die Prüfergebnisse schwanken dabei sehr stark und sind von der „Tagesform des Prüfpersonals" abhängig. *Bläsing & Melchior (1979)* haben in einer Untersuchung nachgewiesen, daß bei einer Serienprüfung durch Prüfpersonal, selbst bei optimalen Arbeitsbedingungen, nur 70% der Fehler erkannt wurden. Die Dokumentation der subjektiv ermittelten Merkmalswerte ist schwierig und oftmals nicht sinnvoll. In Zukunft ist es deshalb erforderlich, mit geeigneten Meßmitteln objektiv zu prüfen. Objektive Prüfungen führen zu einem reproduzierbaren Prüfergebnis, die gemessenen Prüfmerkmale sind jederzeit miteinander vergleichbar und können zum Nachweis der Qualität dokumentiert werden. Zur Erhöhung der Fehlererkennungswahrscheinlichkeit müssen in Zukunft verstärkt automatische Prüfsysteme eingesetzt werden. Durch die automatische Erfassung der Qualitätsmerkmale kann häufig auf eine Stichprobenprüfung verzichtet werden, da der Prüfaufwand für eine 100%-Prüfung häufig nur unwesentlich höher ist. Erst eine zuverlässige 100%-Prüfung ermöglicht die geforderte Erkennung zufälliger Fehler und die Dokumentation der Qualität jedes einzelnen Produktes.

Werden die Prüfmerkmale gemessen, werden sie häufig qualitativ erfaßt. Das bedeutet, daß die zu prüfenden Merkmale durch eine i.O./n.i.O.-Beurteilung klassifiziert werden. Qualitätsabweichungen werden damit erst erkannt, wenn Fehler bereits aufgetreten sind. Im modernen Qualitätsmanagement wird jedoch eine fehlerfreie Produktion gefordert *(Pfeifer & Gimpel 1989)* und damit das Erkennen von Fehlern vor ihrem Auftreten vorausgesetzt. Durch die quantitative Erfassung von Prüfmerkmalen, bei der die Ausprägung des Merkmals in Form einer reellen Zahl mit einer Dimensionsangabe bestimmt wird, lassen sich Trends erkennen, die auf zunehmende Qualitätsabweichungen hinweisen. Sie sollten deshalb in Zukunft verstärkt zum Einsatz kommen.

Einen weiteren Schwachpunkt der gegenwärtigen Qualitätslenkung stellt die Verwertung der Prüfdaten nach deren Gewinnung dar. Die Erfassung der Qualitätsmerkmale beschränkt sich heute oftmals auf die Dokumentation, um damit die Forderungen der Kunden zu erfüllen oder Schadensansprüche abzuwehren. Die Dokumentation und Verwaltung der Prüfdaten erhöht damit die Prüfkosten, führt jedoch zu keiner weiteren Verbesserung der Produkte. Damit den betrieblichen Ausgaben auch eine Erhöhung der Produktqualität gegenübersteht, müssen Regelmechanismen aufgebaut werden, die auf Basis der Prüfdaten eine kontinuierliche Verbesserung der Produkte bewirken.

Pfeifer & Bonse (1989) unterscheiden die Regelmechanismen nach ihrem zeitlichen Wirken und teilen sie in zwei Kategorien ein. Zum einen werden die Prüfdaten unmittelbar nach ihrer Entstehung verwendet, indem Abweichungen frühestmöglich erkannt und sofort Korrekturmaßnahmen eingeleitet werden. Zum anderen werden die Prüfdaten gesammelt und für die Produkt- und Prozeßplanung vor Anlauf der folgenden Serie herangezogen. Im Idealfall soll mit beiden Mechanismen eine Entstehung von Fehlern verhindert werden. In der vorliegenden Arbeit sollen die Regelmechanismen näher betrachtet werden, die unmittelbar auf die Produktion wirken.

Diese Regelmechanismen werden von *Köppe und Heid (1989)* zum einen nach der Anzahl der zu prüfenden Teile, zum anderen nach der Möglichkeit zur Einflußnahme auf den Prozeß eingeteilt. Dabei lassen sich jeweils zwei Betrachtungsfälle unterscheiden. Einerseits werden dem Prozeß Prüflinge in Form einer Stichprobe entnommen und andererseits wird eine 100%-Prüfung durchgeführt. Bei der Möglichkeit der Einflußnahme auf den Prozeß lassen sich ebenfalls zwei Zustände unterscheiden. Entweder der Maschinenbediener kann korrigierend während des Ablaufs des Prozesses eingreifen, oder er hat nur die Möglichkeit, den Prozeßablauf abzubrechen, um anschließend Modifikationen am Werkzeug oder der Maschine vorzunehmen. Insgesamt existieren damit vier Möglichkeiten, die in Abb. 2.3 dargestellt sind.

Bei der klassischen Statistischen Prozeß-Regelung (SPC: Statistical Process Control) entnimmt der Maschinenbediener periodisch Stichproben und greift gegebenenfalls korrigierend in den Prozeß ein. Ersetzt man die Stichprobenentnahme durch eine 100%-Prüfung, liegt eine Kontinuierliche Prozeß-Regelung vor. Nach jeder Prüfung wird dabei entschieden, ob der Prozeß zu verändern ist. Bei hohen Taktraten ist die Kontinuierliche Prozeß-Regelung nur vollautomatisch durchzuführen. Muß auf die Regelung verzichtet werden, liegt eine Kontinuierliche Qualitäts-Über-

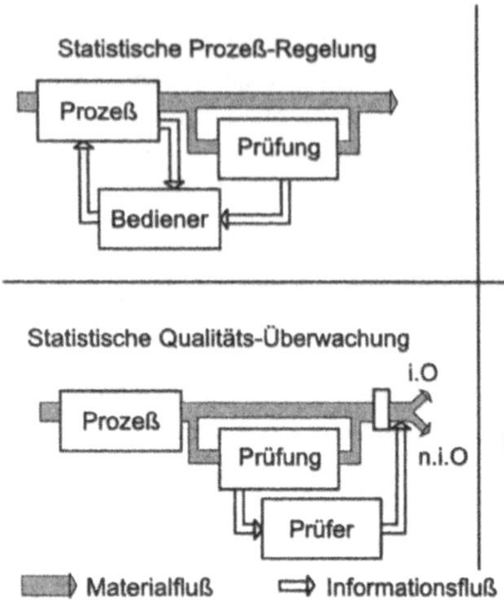

Abb. 2.3: Qualitätslenkung durch Prozeßregelung und Qualitätsüberwachung (nach Köppe & Heid 1989)

wachung vor, die auch als Sortierprüfung bezeichnet wird. Der Prüfautomat verhindert, daß fehlerhafte Teile weitergegeben werden. Bei einem zu hohen Fehleranteil wird der Prozeß abgeschaltet. Auch bei der Statistischen Qualitäts-Überwachung ist die Möglichkeit eines Eingriffs in den Prozeßablauf nur durch Unterbrechen des Prozesses möglich. Anstelle der 100%-Prüfung entnimmt der Prüfer periodisch Stichproben. Bis zum Prüfergebnis werden die seit der letzten Prüfung gefertigten Teile zurückgehalten. Bei positivem Prüfergebnis werden die Teile weiterverarbeitet, bei negativem Prüfentscheid müssen die Teile sortiert werden.

Köppe und Heid (1989) zeigen am Beispiel eines Automobilzulieferers, daß die Statistische bzw. die Kontinuierliche Prozeß-Regelung nur in sehr wenigen Fällen möglich ist, da eine Veränderung am Prozeß während der laufenden Fertigung häufig nicht durchgeführt werden kann. Die am weitest verbreiteten Regelmechanismen stellen daher die Statistische Qualitäts-Überwachung mit 78% und die Kontinuierliche Qualitäts-Überwachung mit 13% dar.

Der Regelmechanismus beschränkt sich damit häufig auf das Aussortieren der fehlerhaften Produkte. Fehler werden mit diesen Mechanismen nicht von vornherein vermieden sondern der Fehleranteil wird auf einem mit dem Kunden vereinbarten Wert gehalten. Fehler werden damit zu einem gewissen Anteil toleriert und nur bei Überschreiten der Toleranzgrenze wird der Prozeß abgeschaltet und verändert. Um eine Null-Fehler-Produktion zu ermöglichen, müssen jedoch auch bei der Überwachung trendartige Veränderungen im Prozeß, die nach einer gewissen Zeit zu Fehlern führen, erkannt werden können.

In Zukunft muß damit die passive Qualitäts-Überwachung von einer aktiven Prozeß-Regelung abgelöst werden, bei der neben der Messung von Produktmerkmalen auch Merkmale am Prozeß herangezogen werden. Die Prozeß-Regelung geht dabei auf das klassische Regelkreismodell zurück *(Föllinger 1990, S.3, Pfeifer 1993, S.299-332 Schmidt 1989a, S.19)*. Ziel der Regelung ist es, die zu regelnde Größe trotz wirkender Störeinflüsse auf einem vorgegebenen Sollwert zu halten. Dabei stellt die zu regelnde Größe das Qualitätsmerkmal dar.

In der Vergangenheit sind bereits automatische Qualitätsregler entwickelt worden, die sich in In-Process- und Post-Process-Regeleinrichtungen einteilen lassen. Bei In-Process-Regeleinrichtungen wird während des Prozesses gemessen, und der Signalfluß beschränkt sich auf die Fertigungseinrichtung, während bei der Post-Process-Regelung erst im Anschluß an den Prozeß gemessen wird und die Signale zwischen mehreren Maschinen ausgetauscht werden.

In-Process-Regler, deren Entwicklung bereits in den 70er Jahren unter der Bezeichnung „Geometrische Adaptive-Control-Systeme" begann, wurden in erster Linie für die spanende Feinbearbeitung entwickelt. Die hohen Kosten und die rauhen Arbeitsbedingungen in der Maschine, welche die Zuverlässigkeit der Meßtechnik und damit der Regeleinrichtung verringern, führten dazu, daß sich diese Systeme nur begrenzt durchsetzen konnten (*Averkamp 1982, Janocha & Foth 1990*).

Alternativ dazu werden auch Post-Process-Regler eingesetzt (*Bierögel 1988, Kahlenberg 1993*). Hier wird die aufwendige Installation der Meßtechnik und der fehleranfällige Meßvorgang in der Maschine vermieden, indem die Meßtechnik außerhalb der Maschine angebracht wird. Das bedeutet, daß auf die Qualität des gerade gefertigten Teiles nur noch beschränkt eingewirkt werden kann, da der Regelmechanismus im günstigsten Fall erst an dem nächsten zu bearbeitenden Bauteil ansetzen kann (*Tönshoff u.a. 1991, Westkämper & Möbus 1992*). Der Nachteil einer Post-Process-Regelung ist der hohe Aufwand, der zum Aufbau des Regelkreises nötig ist, da ein aufwendiger unternehmensspezifischer Material- und Informationsfluß installiert werden muß.

Der Regler, der als wichtigstes Glied im Regelkreis für die Ableitung der Prozeßkorrekturen zuständig ist, wird deshalb in der Praxis heute häufig durch den Mitarbeiter repräsentiert, der auf die Qualitätsschwankungen entsprechend reagiert. Der Mensch kann durch seine Erfahrung und Intelligenz auch zunächst unbekannte Fehler beseitigen, was mit einer automatischen Regeleinrichtung nur unzureichend oder mit sehr hohem Aufwand möglich wäre *(Enderle 1984, S.56)*. Die Wirksamkeit der Prozeßkorrektur durch das Betriebspersonal kann dabei durch Prozeßüberwachungssysteme, die Veränderungen im Produktionsprozeß anzeigen, erheblich gesteigert werden *(Klimmer u.a. 1994).*

2.3 Verfahren der Prozeßlenkung

2.3.1 Einführung

Erfahrene Maschinenbediener verfügen über besondere Fähigkeiten, Prozesse zu lenken. Sie setzen dazu vor allem das Auge und das Gehör ein. Die Schwierigkeit der Prozeßlenkung durch den Maschinenbediener liegt darin begründet, daß es erforderlich ist, trotz häufig monotoner Arbeitsabläufe aufmerksam zu arbeiten und bei Auftreten eines Fehlers den Überblick zu behalten und den Fehler zu beseitigen. Dem Gehör kommt beim Erkennen der Fehler eine große Bedeutung zu. Mit dem Gehör ist es möglich, in der unmittelbaren Umgebung der Signalquelle Veränderungen ohne große Anstrengung wahrzunehmen und die Art des Fehlers ausfindig zu machen, ohne den Fehlerort lokalisieren zu müssen bzw. zu können. Das heißt, es können Fehler an unterschiedlichen Orten am Betriebsmittel vom Standort des Bedieners erkannt werden. Dies ist mit dem Auge nicht immer möglich. Wurde der Maschinenbediener durch die akustischen Signale aufmerksam gemacht, wird der Fehlerort mit Hilfe der Augen lokalisiert, die Ursache des Fehlers bestimmt und der Fehler behoben. Diese Vorgehensweise ist bei Fertigungsprozessen wie auch bei Montageprozessen zu beobachten. Ein ungünstig eingestellter Fräsprozeß kann zum unerwünschten Rattern neigen, was sich in einem lauten Geräusch äußert und sich negativ auf die Bauteiloberfläche auswirkt. Ein nicht korrekt verlaufender Fügeprozeß kann vom Bedienpersonal am veränderten Fügegeräusch erkannt werden.

Die Aufgaben des Auges und des Gehörs werden von Prozeßlenkungssystemen mit Hilfe von optischen Sensoren, wie z.B. Bildverarbeitungssystemen und akustischen Sensoren, wie z.B. Körperschallmikrofonen, übernommen. Am häufigsten werden jedoch Kraftmeßsysteme eingesetzt. In der Teilefertigung kommen alle genannten Sensoren zum Einsatz, während in der Montage der Einsatz von akustischen Überwachungssystemen zur Überwachung von kraft- und formschlüssigen Fügeprozessen nicht bekannt ist.

Ziel der Prozeßlenkungssysteme war zunächst die Verringerung von Fertigungskosten und Fertigungszeiten (Abb. 2.4). Mittlerweile wird jedoch die Qualität neben den Kosten als weiterer wesentlicher Grund für die Einführung von Prozeßlenkungssystemen gesehen *(Conrady 1995)*. Dies wird u.a. bei neueren wissenschaftlichen Arbeiten deutlich, die sich zum Beispiel mit der Lenkung von Schleif- *(Klumpen 1994)* und Honprozessen *(Uebelhör 1994)* beschäftigen.

Abb. 2.4: Ziele der Prozeßlenkung (nach Herres 1992)

Prozeßlenkungssysteme lassen sich in Überwachungs- und Regelungssysteme einteilen, die beide eine ähnliche Struktur aufweisen. Bei beiden Systemen wird mit Hilfe von Sensoren der Prozeßzustand ermittelt und abhängig von den gemessenen Prozeßgrößen werden Veränderungen am Prozeß vorgenommen (Abb. 2.5). Auf die Messung von Merkmalen am Produkt (Abb. 2.3) wird bei der Prozeßlenkung verzichtet. Als Prozeßgrößen kommen Kräfte, Momente, der Werkzeugverschleiß u.a. in Frage. Abb. 2.5 zeigt, daß sowohl für Überwachungs- wie auch Regelungssysteme ein geschlossener Signalverlauf besteht.

Kluft (1983, S.4) spricht daher in Analogie zum Regelkreis von einem Überwachungskreis. Der Überwachungskreis schließt sich erst dann, wenn das Überwachungsgerät einen Fehler analysiert hat. Je nach Analyseergebnis ist der Prozeßzustand zu korrigieren, oder der Prozeß ist sofort abzuschalten. Die Maßnahmen können direkt vom Überwachungssystem oder nach einer optischen bzw. akustischen Fehlermeldung vom Bedienpersonal vorgenommen werden. Eine stetige Führung des Prozesses im strengen regelungstechnischen Sinn liegt damit nicht vor.

Systeme zur selbsttätigen Regelung von Fertigungsprozessen werden im Rahmen der Prozeßlenkung als „Technologische Adaptive-Control-Systeme“ bezeichnet. Man unterscheidet Systeme, die eine Optimierung des Fertigungsprozesses nach bestimmten Kriterien, z.B. dem Verschleiß, vornehmen (ACO-Systeme: Adaptive Control Optimization) und Systeme, die einen Parameter während des Fertigungsablaufs in der Nähe eines Grenzwerts, z.B. der Zerspanleistung, halten (ACC-Systems: Ad-

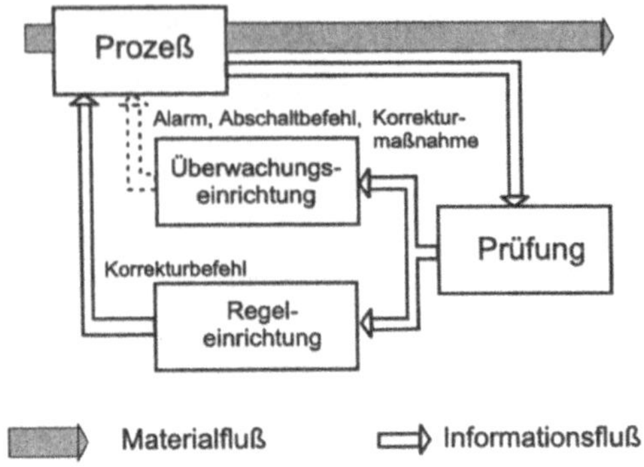

Abb. 2.5: Struktur von Prozeßlenkungssystemen

aptive Control Constraints). Ihre Funktionsprinzipien sind in der *VDI-Richtlinie (3426, 1975)* definiert.

Eine Prozeßregelung, wie sie die AC-Systeme in der Teilefertigung zum Ziel haben, existiert in der Montage nur in wenigen Ausnahmefällen (*Kirch 1983, Lang & Roth 1988, Schweizer & Frankenhauser 1988, Seliger & Heinemeier 1990*). Grund dafür sind die häufig eingesetzten einfachen Ablaufsteuerungen in den Montageanlagen. Kommen geregelte Antriebe zum Einsatz, können meist keine externen Signale verarbeitet und zur Regelung herangezogen werden. Lediglich in der Robotertechnik werden Signale externer Sensoren parallel zur Verfahrbewegung des Roboters verarbeitet und zur Regelung des Montageprozesses genutzt. Mit Hilfe einer Lage- oder Kraftregelung können Bahnabweichungen, Fluchtungsfehler und Winkelabweichungen kompensiert sowie Fügekräfte minimiert werden (*Fässler 1988, Seliger u.a. 1993, Trunzer 1995, Zeller 1995*).

Die Meßverfahren in der Prozeßlenkung lassen sich unabhängig von den physikalischen Größen einerseits als kontinuierlich oder intermittierend und andererseits als direkt oder indirekt arbeitend charakterisieren (*Föhse 1990*). Kontinuierlich bedeutet, daß während der Prozesse gemessen wird und keine Prozeßunterbrechungen stattfinden. Die intermittierende Messung ist auf Unterbrechungen im Prozeß angewiesen, die zusätzliche Nebenzeiten verursachen. Deshalb sollten in Zukunft verstärkt kontinuierliche Messungen zum Einsatz kommen, auf deren Grundlage Veränderungen im Meßsignal sofort erkannt werden. Dies ist Voraussetzung, um rechtzeitig auf unvorhergesehene Prozeßstörungen reagieren zu können.

Direkte Verfahren erfassen unmittelbar die interessierenden Meßgrößen, wie z.B. die Verschleißmarkenbreite *(Weis 1995)*. Indirekt kann der Verschleiß beispielsweise durch die Messung von Kräften bestimmt werden. Bei indirekten Meßverfahren werden geeignete Hilfsgrößen gemessen und über empirisch ermittelte Zusammenhänge wird auf die eigentlich interessierende Größe geschlossen. Direkte Meßverfahren zeichnen sich durch eine höhere Genauigkeit aus, da die Ungenauigkeiten, die durch die empirische Ermittlung des Zusammenhangs zwischen der Meßgröße und der interessierenden Größe entstehen, nicht vorhanden sind. Direkte Meßverfahren sind jedoch mit hohem Aufwand verbunden und für den praktischen Einsatz häufig nicht geeignet, da ein Zugang unmittelbar zur Meßstelle nicht gegeben ist. Zur direkten Messung werden häufig mechanische Taster oder optische Sensoren eingesetzt, deren Zuverlässigkeit durch die rauhen Umgebungsbedingungen, z.B. durch Späne oder Schmierstoffe, verringert wird.

In der Teilefertigung stellt die indirekte und kontinuierliche Prüfung der Prozesse eine kostengünstige Alternative zur Teileprüfung dar. Für die direkte Prüfung des Qualitätsmerkmals am Bauteil sind oftmals teure und teilespezifische Prüfeinrichtungen erforderlich, die aufgrund der rauhen Prozeßbedingungen in der Maschine eine hohe Störungsanfälligkeit aufweisen und oder bei der Prüfung außerhalb der Maschine die Durchlaufzeit der Teile verlängern.

In der Montage bestimmt die Qualität der Fügeverbindung in hohem Maße die Produktqualität. Die Prüfung der Fügeprozesse stellt dabei oftmals die einzige Möglichkeit zur Prüfung der Qualität der Fügeverbindungen dar. Im Gegensatz zur Teilefertigung kann in der Montage häufig nur im Prozeß geprüft werden, da die Wirkflächen nach dem Fügen oftmals nicht mehr zugänglich sind. Prüfungen nach dem Prozeß sind sehr aufwendig und teuer, wie z.B. bei der Prüfung mit Röntgenstrahlen, oder sie sind mit der Zerstörung der Verbindung verbunden. *Lotter (1993)* fordert deshalb zur Beurteilung der Qualität einer Fügeverbindung die indirekte Prüfung von qualitätsrelevanten Fügeprozeßparametern und sieht in der Prüfung der Prozesse eine optimale Möglichkeit, die Qualität der Verbindung zu beeinflussen.

In den folgenden Abschnitten soll deshalb die Prüfung am Prozeß in der Teilefertigung und Montage näher betrachtet werden, da sie nach dem Stand der Technik zur Qualitätslenkung geeignet erscheint und in Zukunft immer häufiger eingesetzt werden wird.

2.3.2 Prozeßprüfung in der Teilefertigung

In der Teilefertigung treten viele Fehler unmittelbar am Fertigungsprozeß auf *(Reithofer 1987, S.131)*. Deshalb existieren eine Vielzahl von Arbeiten, die sich mit der Lenkung und damit der Prüfung von Fertigungsprozessen beschäftigen *(Weck 1989)*. Es wurden wissenschaftliche Arbeiten aus dem Bereich der spanenden und der spanlosen Fertigungsverfahren veröffentlicht, wie z.B. die Überwachung von

Bohr- und Fräsprozessen *(Christoffel 1984, Buchholz 1987, Föhse 1990, Schehl 1991, Husen 1994, Eichler 1996)*, von Drehprozessen *(Kluft 1984, Lange 1983, Jenewein 1989, Kutzner 1991, Reinfelder 1991, Gebauer 1992, Kirchheim 1992, Schönherr 1992, Bähre 1994)*, von Schleifprozessen *(Averkamp 1982, Brinksmeier 1991, Meyen 1991, Klumpen 1994)* sowie von Stanz- und Tiefziehprozessen *(Vestweber 1988, Herres 1992)*.

Die häufigsten Fehler der Teilefertigung stellen der Werkzeugbruch und der -verschleiß dar, zu deren Erkennung Prozeßkräfte oder Motorströme verwendet werden. Bei Prozessen, bei denen nur geringe Leistungen umgesetzt werden, z.B. beim Bohren kleiner Durchmesser oder bei Schlichtoperationen beim Drehen und Fräsen, führt die Prüfung von Prozeßkräften und Motorströmen häufig nicht zum gewünschten Erfolg *(Behrend 1996, S. 33, Quante & Fehrenbach 1984)*. Kleine Ausbrüche am Drehmeißel (Mehles 1987, S. 22) und am Stempel beim Stanzen *(Oppel 1994, S. 684)* sind Beispiele für Fehler, die mit Hilfe von Prozeßkräften oder -strömen nicht oder nur schwierig registriert werden können.

Für die Erkennung dieser Fehler ist besonders die Auswertung des dynamischen Anteils der Prozeßkräfte von Bedeutung *(FQS 1991, S. 110-150)*. Die dynamischen Kraftanteile führen dabei zu Schallemissionen, die im Normalfall als Luft- und Körperschall nachweisbar sind. In diesem Fall wird auf Kraftmeßsysteme verzichtet und der Körperschall während der Bearbeitung gemessen (*Andreasen & De Chiffre 1993, Euchner 1991, Jiang u.a. 1987, König u.a. 1992a, König u.a. 1992b, Souquet u.a. 1987, Teti 1989, Warnecke u.a. 1989, Warnecke u.a. 1991*). Beim Bohren mit sehr kleinen Durchmessern hat sich beispielsweise gezeigt, daß sich Körperschall besser als das Kraftsignal zur Erkennung von Bruch und Verschleiß eignet *(Eichler 1996, S. 130)*, und um die Oberflächengüte von Teilen während der Bearbeitung beurteilen zu können, werden zunehmend akustische Sensoren eingesetzt (*Averkamp 1982, S. 24*). Das Körperschallsignal enthält demnach Informationen, die bei Messung mit Kraftaufnehmern nicht erfaßt werden können. Daneben kann man bei der Körperschallmessung auf teure Kraftmeßsysteme verzichten, denn der Körperschall kann mit einfachen Aufnehmern erfaßt werden, die zudem auch nachträglich angebracht werden können.

Akustische Meßverfahren stellen damit eine geeignete Möglichkeit dar, die Teilequalität kontinuierlich am Fertigungsprozeß zu überwachen. Die Möglichkeit der einfachen Anbringung der Aufnehmer an unterschiedliche Prozesse, die Sensitivität gegenüber kurzzeitigen und geringfügigen Prozeßschwankungen machen akustische Meßverfahren vor allem zur Qualitätsbeurteilung unter anderem auch für die Montage interessant.

2.3.3 Prozeßprüfung in der Montage

In der Montage treten Fehler sowohl an den Handhabungs- als auch den Fügeprozessen auf *(Wiendahl & Ziersch 1982)*. Fehler in automatischen Montageanlagen, die sich in deren Wirtschaftlichkeit niederschlagen, sind auf Handhabungsprozesse, insbesondere auf die Vereinzelung und Zuführung der Teile, zurückzuführen *(Ziersch 1984, S.48)*. Um die Wirtschaftlichkeit der Montageanlagen zu erhöhen, werden deshalb die Teilevereinzelung und -zuführung überwacht. Die Überwachung dieser Prozesse wird mit binärer Sensorik durchgeführt, deren Signale direkt in der Steuerung der Montageanlage abgefragt und verarbeitet werden. Als Sensoren kommen mechanische Taster, induktive Näherungsschalter sowie optoelektronisch arbeitende Bauelemente zum Einsatz. Bei höheren sensorischen Anforderungen werden Bildverarbeitungssysteme eingesetzt. Ihre Haupteinsatzgebiete sind die Prüfung von Position und Orientierung der zu montierenden Bauteile sowie Identitäts- und Vollständigkeitsprüfungen.

Fehler, die in Montageanlagen eine Verringerung der Produktqualität zur Folge haben, sind in vielen Fällen auf Fügefehler zurückzuführen. Um die Produktqualität der Montageanlagen zu erhöhen, werden deshalb die Fügeprozesse überwacht. Neben der Messung der Fügekräfte mit Kraftsensoren werden für pneumatisch oder elektrisch betriebene Fügewerkzeuge die Messung der Durchflußmenge sowie Druck- und Strommessungen vorgeschlagen *(Reiter & Schleinkofer 1997, Wendt 1992, Wünsche & Heinzl 1993)*. *Wendt (1992)* beschreibt die Überwachung mit Durchfluß- und Drucksensoren von Pneumatikaktoren, während *Reiter & Schleinkofer (1997)* sowie *Wünsche & Heinzl (1993)* die Möglichkeiten der Prüfung durch die Motorstromaufnahme bei unterschiedlichen elektrischen Antrieben, wie z.B. Schrittmotoren und Synchronmotoren, untersuchen.

Die Prüfung der Fügekräfte wurde bei der Entwicklung von Fügewerkzeugen für Standardprozesse, wie z.B. das Einpressen von Stiften und Lagern, aufgegriffen. Ausgangspunkt war, ähnlich wie im Bereich der Werkzeugmaschinen, für die einzelnen Fertigungsverfahren universelle Werkzeuge zu entwickeln und auf bisher eingesetzte Sonderlösungen zu verzichten. Es wurden Werkzeuge und Fügekonzepte zum Verschrauben mit Industrierobotern *(Maier 1986, Fischer 1990)*, zur Montage von Schläuchen *(Frankenhauser 1988)*, O-Ringen *(Wößner 1993)*, Dichtungselementen *(Jauch 1993)*, O-Ringen und Faltenbälgen *(Wack 1993)*, Leitungssätzen *(Reinhart 1987, Emmerich 1991)*, Steckkontakten *(Gweon 1987)*, Kabelbäumen *(Schlaich 1988)*, hochpoligen Rundkabeln *(Cramer 1994)*, Sicherungsringen *(Birkicht 1991)*, Preßverbindungen *(Würtz 1992)*, Welle-Nabe-Verbindungen *(Roth 1992)*, Schlauchschellen *(Dreher 1994)* und zur Montage von Schnellbefestigungselementen *(Riese 1988, Wisbacher 1992)* vorgestellt. Im Rahmen der Standardisierung und der Entwicklung von Fügestrategien wurde auch eine Überwachung der Prozesse angedacht. Einige Werkzeuge wurden mit einer Kraftmeßeinrichtung ausgestattet

(Frankenhauser 1988, Birkicht 1991, Roth 1992), und *Wisbacher (1993)* schlägt eine Überwachung mittels Körperschall beim Einsetzen von Klipsen vor. Auf Probleme der Anpassung der Überwachungseinrichtung an die Prozesse und die Beurteilung der Leistungsfähigkeit der Überwachungseinrichtung wurde nicht eingegangen. Der Schwerpunkt lag auf der Entwicklung eines flexiblen automatisierten Werkzeugs bzw. einer Fügestrategie für einen bestimmten Montageprozeß.

Veröffentlichungen, die sich konkreter mit der Thematik der Überwachung von Fügeprozessen in der Montage auseinandersetzen, sind erst in den letzten Jahren bekannt geworden. Diese Veröffentlichungen behandeln Standardfügeprozesse, für die bereits industrielle Werkzeuge und Maschinen am Markt verfügbar sind. Die Arbeiten beschäftigen sich mit der prozeßbegleitenden Überwachung beim Einpressen, Nieten, Durchsetzfügen und Schrauben durch Messung der Fügekräfte und -wege *(Budde 1991, Budde u.a. 1992, Lappe & Budde 1993, Liebig & Mutschler 1993, Warnecke 1993, Roth 1992, Wennström & Martensson 1988, Schubert u.a. 1995, König 1995)*.

Die Prozeßprüfungen für die Fügeverfahren Einpressen, Nieten und Durchsetzfügen unterscheiden sich kaum voneinander. Die genannten Prozesse werden mit konstanter Fügekraft durchgeführt und mit Kraftaufnehmern auf DMS- bzw. Piezo-Basis sowie mit Sensoren zur Aufnahme der Fügewege überwacht. Die Sensoren werden häufig am Werkzeugrahmen angebracht und messen die Dehnungen des Rahmens. Drucksensoren, die oftmals zur Ablaufsteuerung der Werkzeuge vorhanden sind, kommen auch zur Anwendung. *Warnecke & Würtz (1991)*, die ein Werkzeug zum Einhämmern von Paßstiften vorstellen, beschränken sich auf die Messung des Weges, der pro Schlag zurückgelegt wird.

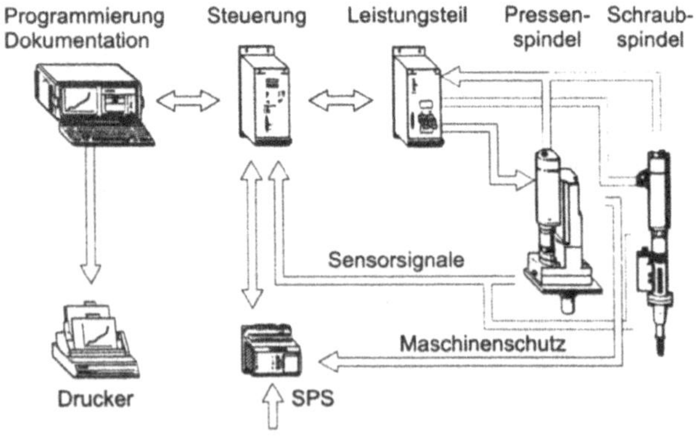

Abb. 2.6: Modulare Überwachungsgeräte (nach Bosch1990a)

Die Kraft- und Wegsignale werden einem externen Rechner zugeführt, und dort wird die Kraft grafisch über den Weg aufgezeichnet. Für die Verarbeitung der Signale haben die Firmen Burster, Kistler, Staiger-Mahilo und Bosch modulare Rechnereinheiten auf den Markt gebracht (Abb. 2.6). Durch den modularen Aufbau können eine Vielzahl unterschiedlicher Kraft- und Weg-Sensoren angeschlossen und die Systeme an unterschiedliche Prozesse angepaßt werden (*Bosch 1990a, Bosch 1990b, Burster 1992, König 1995, Leymann-Matthaei 1990, Mayer 1987*). Programmiert werden die Geräte mit Grenzwerten, Fenstern und Toleranzbändern, die auf einem gemessenen Referenzkurvenverlauf plaziert werden (Abb. 2.7). Verläuft der gemessene Kurvenverlauf außerhalb des vorgegebenen Rahmens, oder überschreitet die Kurve einen Grenzwert, wird ein digitaler Ausgang gesetzt, der einen Alarm auslöst oder das Betriebsmittel stillsetzt. Die Fenster und Toleranzbänder müssen empirisch bestimmt werden, d.h. eine Vorgehensweise zur optimalen Programmierung der Geräte ist nicht bekannt. Nach *Neu (1995)* steht die prozeßbegleitende Überwachung der Fügeprozesse in der beschriebenen Form erst am Anfang. Dadurch liegen auch keine Erfahrungsberichte über den Einsatz der Systeme in der industriellen Praxis vor.

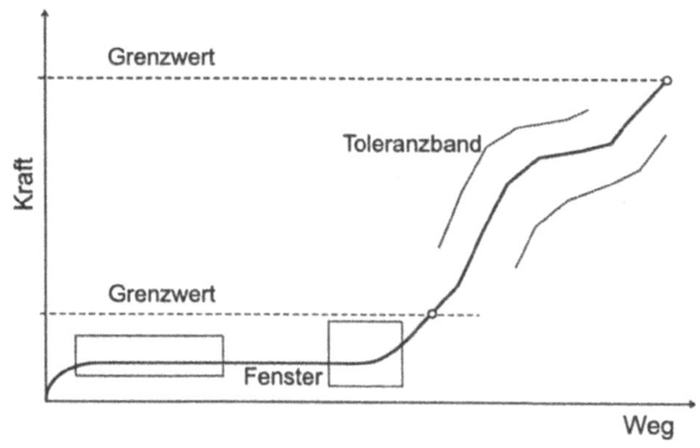

Abb. 2.7: Toleranzband-, Fenster- und Grenzwertüberwachung

Die ausführlichsten Untersuchungen zur Prozeßüberwachung wurden bisher beim Schrauben durchgeführt *(Birkicht 1991, S. 35, Rudolf 1992, Scharf 1994)*. Während für Fügewerkzeuge zum Einpressen und Nieten die Meßtechnik zur Überwachung nachträglich integriert werden muß und damit die Verarbeitung der Signale von der Werkzeugsteuerung getrennt ist, liefern die Hersteller von Schraubautomaten Geräte mit der entsprechenden Elektronik zur Steuerung und Überwachung des Schraubprozesses.

Im Schraubprozeß wird die Schraube bis zum Erreichen der gewünschten Vorspannkraft eingedreht. Die Vorspannkraft wird dabei nicht direkt sondern indirekt über die Messung des Drehmoments und des Drehwinkels bestimmt *(Feldmann & Steber 1992, Blume & Illgner 1991, S.83)*. Für die Messung des Drehwinkels ist ein definierter Startpunkt nötig, der im Normalfall mit der Auflage des Schraubenkopfes am Fügepartner zusammenfällt *(Spur & Stöferle 1986, S. 706)*.

Die beschriebenen Möglichkeiten der Prozeßprüfung von kraft- und formschlüssigen Fügeverbindungen auf Basis der Fügekraft, des Fügedrucks und des Antriebsstroms sind jedoch zur Lenkung der Qualität nicht immer ausreichend. Die Festigkeit von Preßverbindungen ist z.B. von der Güte der Oberflächen, die bei der Herstellung der Verbindung aneinander gepreßt werden, abhängig. Treten durch den Fügeprozeß an den Oberflächen Risse auf oder werden Späne abgetragen, wird die Langzeitfestigkeit der Verbindung vor allem bei Wechselbelastung herabgesetzt. Das Auftreten von Rissen oder kleiner Späne kann z.B. bei der Herstellung von Längspreßverbindungen durch die Messung von Fügekräften nur eingeschränkt erkannt werden *(Kühsel 1995)*.

Problematisch ist auch das Erkennen von Qualitätsmängeln bei Reibwertschwankungen, die bei der Herstellung der Verbindung herrschen und nie vollständig ausgeschlossen werden können. Veränderte Reibwerte bewirken veränderte Fügekräfte, welche die Erkennung der durch Qualitätsmängel verursachten Kraftänderungen erschweren bzw. unmöglich machen. Die Reibwertprobleme werden beim Schrauben besonders deutlich, da im Durchschnitt nur 10% des Drehmoments beim Anziehen der Schraube für die Erzeugung der Vorspannkraft aufgebracht werden. 90% des Moments gehen durch Gewindereibung und durch die Kopfreibung verloren *(Blume & Illgner 1991, S.86)*. In der Praxis werden deshalb Oberflächen teuer beschichtet, um die Reibwerte möglichst konstant zu halten und die Auswertung der Kraft-Weg- bzw. Drehmoment-Drehwinkel-Signale wird aufwendig verbessert. Die verbleibenden

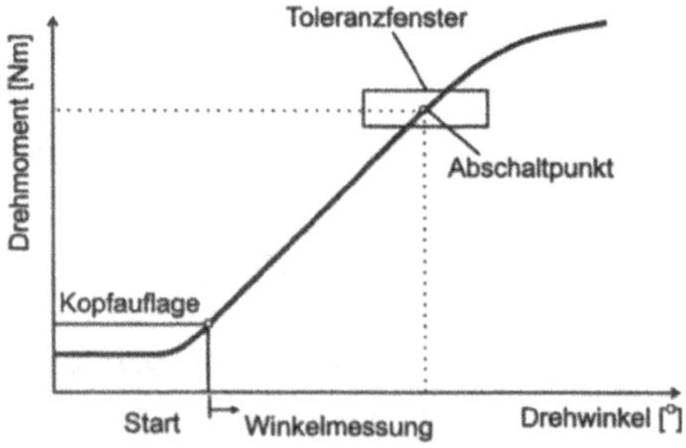

Abb. 2.8: Drehmoment- und Drehwinkelmessung beim Schraubprozeß

Reibungsschwankungen bewirken, daß die Verbindung mit einem Sicherheitszuschlag ausgelegt und überdimensioniert wird. Damit wird sichergestellt, daß bei niedrigen Reibwerten die Schraube nicht überlastet und bei hohen Reibwerten die nötige Vorspannkraft erreicht wird.

Für die Prüfung der Qualität von Fügeverbindungen in der Montage sind Prüfverfahren notwendig, die für die beschriebenen Probleme ausreichend signifikant sind und von Reibschwankungen nicht beeinflußt werden. Neben der Verwendung geeigneter Prüfverfahren ist eine Vorgehensweise notwendig, mit der die empirische Programmierung der Überwachungssysteme mit Grenzwerten, Fenstern und Toleranzbändern abgelöst und durch eine methodische und zielgerichtete Bestimmung von Signalmerkmalen ersetzt wird.

2.4 Akustische Prüfsysteme

Neben den bereits erwähnten Prozeßlenkungssystemen, die auf Basis von Körperschallsignalen Prozeßfehler bzw. -veränderung detektieren, haben akustische Systeme zur Produkt- und Betriebsmittelprüfung einen hohen Stand erreicht und befinden sich bereits im industriellen Einsatz. Die Akustischen Prüfsysteme werden in erster Linie zur

- Produktoptimierung und
- Endkontrolle

in der Automobilindustrie sowie in der Motoren-, Getriebe-, Porzellan- und Keramikfertigung verwendet oder kommen zur

- Überwachung der Betriebsmittel

in sehr vielen Industriebereichen zum Einsatz. Der Grund für die akustischen Prüfungen bei der Produktoptimierung ist vor allem in den gestiegenen Anforderungen an den Komfort der Produkte sowie in der Vermeidung unangenehmer Geräusche und Lärm zu suchen (*Kotterba 1991, Sondermann & Thobaben 1992*). Neben der Verringerung von Geräuschen wird versucht, mittels „Sound-Styling" z.B. das Geräusch einer zuschlagenden Autotür in einer gewünschten Weise zu beeinflussen *(Kolb 1992)* oder den Schall im Fahrgastinnenraum eines Autos durch Gegenschall aktiv zu unterdrücken *(Freymann 1996, S.32-42)*.

Neben dem Einsatz akustischer Prüfsysteme in Entwicklung und Versuch finden die Systeme auch immer häufiger in der Serienfertigung zur Endprüfung Verwendung *(Eimer 1992, Kotterba u.a. 1988, Molitor 1992, Schmidt 1989b, Weighardt 1992)*. Bei komplexen Produkten, wie z.B. Getrieben und Motoren, werden die Laufgeräusche überprüft, während bei der Prüfung von Ziegeln oder Gußteilen der Klang nach dem

Anschlagen der Prüfobjekte gemessen wird *(Kotterba & Schlegelmilch 1991)*. Getriebe, Lager, Motoren usw. weisen abhängig von ihrem Betriebszustand ein charakteristisches Geräuschverhalten auf. Abweichungen von dieser Geräuschcharakteristik deuten auf Fertigungsfehler bzw. Beschädigungen hin. Der Klang, der durch das Anschlagen von Porzellan, Glas, Keramik und Gußteilen erzeugt wird, gibt Auskunft über bestehende Risse, Sprünge oder sonstige Strukturveränderungen. In beiden Fällen können die veränderten Geräuschcharakteristika vom menschlichen Gehör erfaßt werden. Ziel der Endprüfung mit Hilfe der akustischen Prüfsysteme ist es, das subjektive menschliche Geräuschempfinden durch objektive akustische Meßgrößen zu ersetzen, um dadurch eine Erhöhung der Produktqualität zu erreichen.

Weiterhin finden die akustischen Prüfsysteme zur Überwachung von Betriebsmitteln Einsatz *(Fröhling & Krapf 1987, Lattka 1990)*. Die akustische Betriebsmittelüberwachung hat zum Ziel, Verschleiß an Lagern und Getrieben und andere sich ankündigende Störungen zu erkennen und rechtzeitig Instandhaltungsmaßnahmen durchzuführen. Zur Überwachung des Maschinengeräusches wird der Körperschallaufnehmer häufig direkt an dem Gehäuse des zu überwachenden Maschinenelements, wie z.B. am Lager, angebracht. Weicht das Geräuschsignal von einem vorgegebenen Muster ab, löst dies Instandhaltungsmaßnahmen aus.

2.5 Zusammenfassung

Die Ausführungen haben gezeigt, daß eine Qualitätssicherung an Fügeverbindungen durch eine automatisierte Überwachung der Fügeprozesse sinnvoll ist, bzw. immer notwendiger wird. Die Überwachung der Prozesse stellt in vielen Fällen die einzige Möglichkeit dar, die Qualität der Verbindung online zu beurteilen, da

- jede Verbindung zu prüfen und das Ergebnis zu dokumentieren ist und
- die Prüfung ohne Erhöhung der Taktzeit und ohne zusätzlichen Takt durchgeführt werden muß.

Die wenigen Ansätze, die im Bereich der Prozeßüberwachung in der Montage beschrieben sind, beschränken sich hauptsächlich auf die Messung der Fügekraft und des Fügewegs. Fügegeräusche, die in der manuellen Montage häufig zur Überwachung kraft- und formschlüssiger Fügeverbindungen von den Arbeitskräften eingesetzt werden, finden bei der automatisierten Überwachung von Fügeprozessen bisher keine Verwendung. In der Teilefertigung und in der Produktendprüfung werden akustische Prüfsysteme bereits mit Erfolg eingesetzt. Im weiteren Verlauf der Arbeit soll an Füge- und Handhabungsprozessen geprüft werden, inwieweit durch die Einführung akustischer Prüfverfahren die Qualität in der Montage gesteigert werden kann.

3 Grundlagen der Akustik und der akustischen Meßtechnik

Um die Eignung akustischer Meßgrößen zur Überwachung von Fügeprozessen näher zu untersuchen, ist zunächst die Geräuschentwicklung beim Fügen theoretisch zu betrachten. Ursache für die Geräusche sind Kräfte, die aus dem Fügeprozeß bzw. aus den Antriebseinheiten stammen. Diese Kräfte verursachen im Montageprozeß Stöße und Reibungsvorgänge, die zu den unterschiedlichen Geräuschentwicklungen führen. Ausgehend vom Entstehungsort werden die Geräusche auf die verschiedenen Komponenten der Fügeeinrichtung übertragen und können an unterschiedlichen Stellen gemessen werden. In der folgenden theoretischen Betrachtung werden zunächst die Grundlagen über die Entstehungsmechanismen sowie die Übertragungs- und Ausbreitungsformen der Geräusche und anschließend deren Messung und Analyse beschrieben (Abb. 3.1).

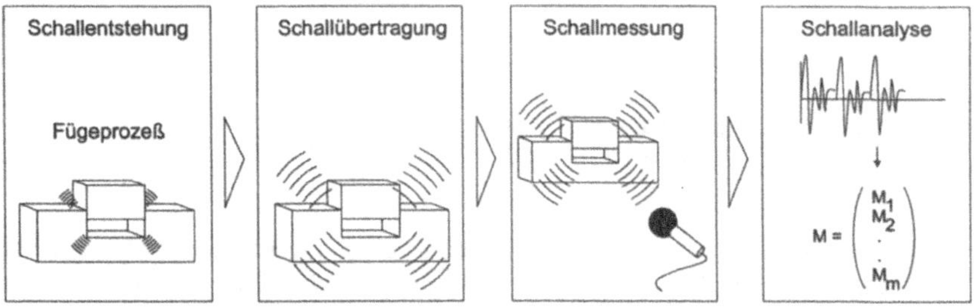

Abb. 3.1: Gewinnung von qualitätsrelevanter Information auf Basis von Geräuschen und Schallemissionen

3.1 Begriffsbestimmung

Die Akustik ist nach *Fasold u.a. (1984, S. 15)* die Lehre vom Schall. Von Schall spricht man, wenn ein massebehaftetes, elastisches Medium Schwingbewegungen ausführt. Der Schall breitet sich räumlich in Form von Schallwellen aus. In Gasen breitet sich der Schall in Longitudinalwellen (Längswellen), in Festkörpern sowohl in Longitudinal- als auch Transversalwellen aus (Abb. 3.2).

Durch Schwingungen erzeugte Schallwellen, die in Amplitude und Frequenz ständig wechseln, werden als Geräusch bezeichnet *(Schmidt 1988 S. 109)*. Nach dem Aggregatzustand des Mediums, gasförmig, flüssig oder fest, unterscheidet man Luft-, Flüssigkeits- und Körperschall, und je nach Frequenzbereich spricht man von Infra-

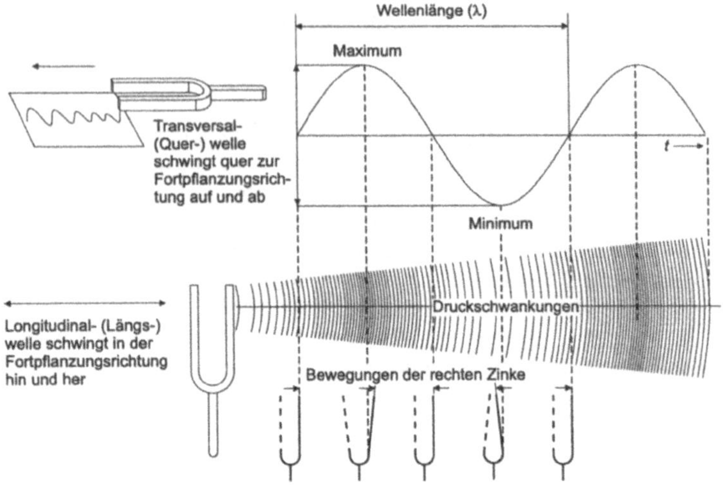

Abb. 3.2: Longitudinal- und Transversalwellen nach Fellmann & Loos (1980)

schall, Hörschall und Ultraschall. Mit Infraschall werden mechanische Schwingungen und Wellen mit Frequenzen kleiner als 16 Hz bezeichnet. Da die Schwingungen außerhalb des Frequenzbereichs des menschlichen Gehörs liegen, können sie nur über den taktilen Sinn des Menschen, z.B. als Bodenschwingungen oder mit Meßgeräten, erfaßt werden. Schall im Frequenzbereich zwischen 16 Hz und 16 kHz wird als Hörschall definiert. Damit der Mensch Schall in diesem Frequenzbereich hören kann, muß die Hörschwelle p_0 des menschlichen Gehörs überschritten werden. Dagegen erlauben Meßeinrichtungen die Erfassung von Schall unter der Hörschwelle. Schall mit Frequenzen oberhalb 16 kHz wird Ultraschall genannt.

Der durch Schallwellen hervorgerufene Wechseldruck wird als Schalldruck bezeichnet und in Pascal (Pa) angegeben. Der Schalldruck nimmt umgekehrt proportional mit der Entfernung zur Schallquelle ab und ist proportional zur Lautstärke. Die Schalldrücke, die das menschliche Gehör verarbeiten kann, liegen zwischen 10^{-5} und 10^{2} Pa. Um nicht mit Exponenten rechnen zu müssen, wird der Schalldruck häufig als logarithmische Größe in Dezibel (dB) angegeben und als Schallpegel bezeichnet. Der Schalldruck wird dabei auf die Hörschwelle $p_0 = 2 \cdot 10^{-5}$ Pa des menschlichen Gehörs normiert und berechnet sich nach *(DIN 45630 Blatt 1)* zu:

$$L = 20 \cdot \lg \frac{p}{p_0} \quad [dB] \qquad p_0\text{: Hörschwelle} \tag{3.1}$$

In Abb. 3.3 sind die Schalldrücke und die Schallpegel von der Hörschwelle bis zur Schmerzgrenze des menschlichen Gehörs gegenübergestellt. Es wird deutlich, daß die Hör- und Schmerzschwelle von der Frequenz der Schwingung abhängt. Die eingezeichneten Isophonen stellen Kurven gleicher Lautstärke dar. Ein 50 Hz Ton muß demnach einen Pegel von 65 dB besitzen, um gleich laut wie ein 1 kHz Ton mit einem Schalldruckpegel von 40 dB zu sein. Aus der Abbildung kann der Einfluß von Umgebungsgeräuschen abgeschätzt werden.

Durch die unmittelbare Platzierung des Meßaufnehmers am Fügeort wird ein hoher Schalldruckpegel aufgenommen. In vielen Fällen werden Werte gemessen, die an die Schmerzschwelle heranreichen oder diese überschreiten. Der Schallpegel in Umgebung der Montageanlagen wiederum sollte 80 dB nicht überschreiten, da sonst durch die Dauerbelastung des Bedienpersonals der Anlage Hörschäden auftreten können (*Schmidt 1988*). Damit können Störgeräusche aus der Fabrikumgebung vernachlässigt werden, und es ist nur die Betrachtung von Störgeräuschen aus der unmittelbaren Umgebung des Fügeorts nötig.

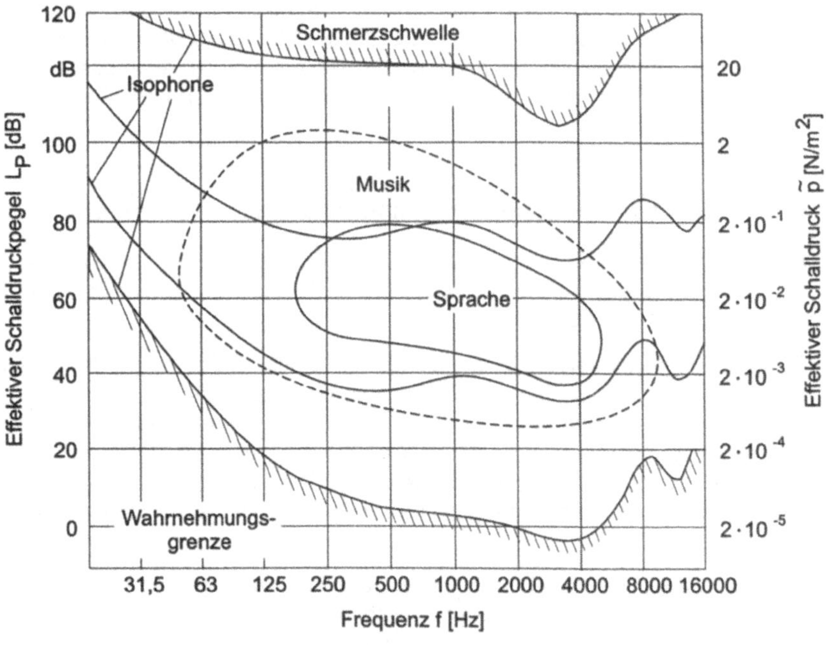

Abb. 3.3: Schalldrücke und Schallpegel im Vergleich (nach Weck 1990, S. 195)

Die Ausbreitungsgeschwindigkeit der Schallwellen wird als Schallgeschwindigkeit bezeichnet. Sie ist von der Dichte des Mediums abhängig und nicht mit der Schallschnelle zu verwechseln. Die Schallgeschwindigkeit gibt an, wie schnell sich eine Schallwelle in einem Medium ausbreitet, während die Schallschnelle die Geschwindigkeit der Teilchenbewegung im elastischen Medium beschreibt *(Zwicker & Zollner 1987, S.3)*. Die Schallschnelle wird auch als Schwinggeschwindigkeit bezeichnet und steht in fester Beziehung zum Schwingweg und zur Schwingbeschleunigung. Durch einfaches Differenzieren des Schwingweges nach der Zeit erhält man die Schwinggeschwindigkeit, durch zweifaches Differenzieren die Schwingbeschleunigung. Umgekehrt läßt sich von der Schwingbeschleunigung durch einfache Integration auf die Schwinggeschwindigkeit und durch zweifache Integration auf den Schwingweg schließen.

3.2 Schallentstehung

Wirkt eine Kraft auf oder in einem Körper, so wird der Körper an dem Kraftangriffspunkt verformt, d.h. der Kraftangriffspunkt bewegt sich, und es bilden sich Schallwellen aus, die sich auf oder im Körper ausbreiten. Die Verformung kann dabei reversibel oder irreversibel sein, d.h. der Körper wird entweder elastisch oder plastisch verformt. Bei Fügeprozessen treten sowohl elastische als auch plastische Verformungen auf.

3.2.1 Schallentstehung durch makroskopische Verformung

Schallsignale, hervorgerufen durch elastische Verformungen, sind in Abb. 3.4 und Abb. 3.5 dargestellt. Die Kurven repräsentieren typische Signalarten in Form von qualitativen Signalverläufen.

Durch die Fügekraft werden die zu fügenden Teile und die Struktur der Fügeeinrichtung verformt und zu Schwingungen angeregt. Diese makroskopischen Schwingungen breiten sich in Form von Körperschall aus und werden über die Oberfläche der Fügeteile und der Fügeeinrichtung an die Umgebung abgegeben. Je nach Ablauf des Fügeprozesses und Anregung breiten sich Schwingungen unterschiedlicher Frequenz aus, die u.a. vom Bedienpersonal als Fügegeräusche wahrgenommen werden.

Der Körperschall wird dabei durch Stöße, periodische oder stochastische Anregung hervorgerufen. Ein häufiger Anregungsmechanismus sind Stöße, die durch die Fügestempel erzeugt werden. Hierbei handelt es sich um eine sehr kurzzeitige Wirkung von Kräften an der Fügestelle (Abb. 3.4). Die Krafteinwirkung wiederholt sich nach bestimmten Zeitabständen, z.B. den Taktzeiten. Dieser Anregungsmechanismus tritt

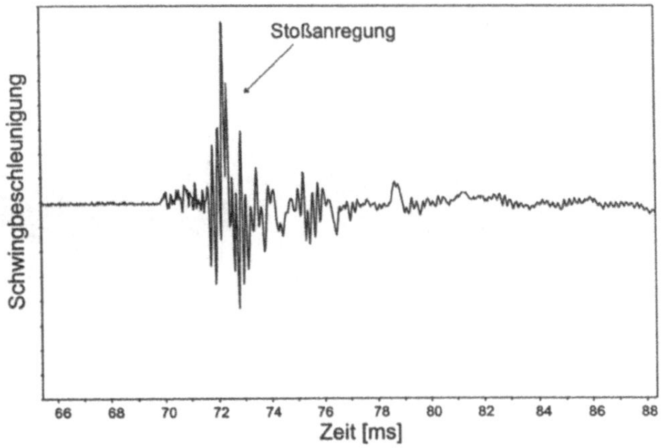

Abb. 3.4: Körperschallsignal durch Stoßanregung beim Einpressen

vor allem beim Ansetzen der Fügeteile zu Beginn des Fügeprozesses und bei vielen Handhabungsprozessen auf. Die Anregung der Fügeeinrichtung durch Stöße ist sehr breitbandig, d.h. es treten Frequenzen in einem großen Frequenzbereich auf, ohne daß einzelne Frequenzen besonders hervortreten.

Werden Fügebewegungen durch rotierende Maschinenteile erzeugt, z.B. durch Elektromotoren beim Schrauben, wird die Umgebung häufig zu periodischen Schwingungen angeregt. Die Stärke der periodischen Anregung ist dabei von der Größe der Unwuchten und der Drehzahl des Antriebs abhängig. Die Grundfrequenz der abgestrahlten Schallwellen entspricht dabei der Antriebsdrehzahl.

Der dritte in der Montage sehr häufig auftretende Anregungsmechanismus ist die stochastische Anregung. Die stochastische Anregung entsteht durch Reibungskräfte an zwei gegeneinander bewegten Körpern, die durch äußere Kräfte aneinander gepreßt werden. Dabei werden durch die Oberflächenrauhigkeit der Grenzflächen stark wechselnde örtliche Kraftspitzen mit stochastischem Charakter erzeugt, die zu einer regellosen Körperschallanregung der angekoppelten Struktur führen *(Henn u.a. 1984, S.101)*.

Die oben beschriebenen Anregungsmechanismen treten normalerweise nicht separat auf, sondern überlagern sich. Im Schraubprozeß wird Schall beispielsweise beim Ansetzen einer Schraube an das Gewinde durch Stoßanregung erzeugt, und während des Schraubens überlagern sich periodische und stochastische Geräuschan-

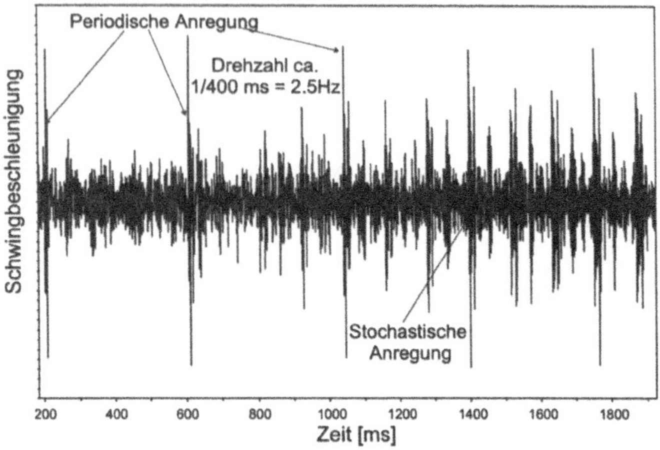

Abb. 3.5: Körperschallsignal durch periodische und stochastische Anregung beim Schrauben

teile (Abb. 3.5). Je größer die Reibung im Gewinde, desto stärker treten stochastische gegenüber periodischen Schwingungen im Meßdiagramm auf.

Die Frequenzen, die bei der makroskopischen Schallentstehung auftreten, liegen im Infraschall- und Hörschallbereich. Die Intensität des Schalls ist prozeßabhängig, jedoch im Normalfall ausreichend hoch, um neben Körperschall als Luftschall aufgenommen zu werden. Die makroskopischen Verformungen treten beim Fügen vor allem beim Erstkontakt der Fügeteile, bei federnd einschnappenden Fügeelementen, bei Reibungsvorgängen, bei denen die Oberflächen der zu fügenden Teile elastisch verformt werden und bei allen Handhabungsvorgängen auf.

3.2.2 Schallentstehung durch mikroskopische Verformung

Irreversible Verformungen entstehen in Fügeprozessen, wenn ein oder mehrere Fügepartner oder das Verbindungselement plastisch verformt werden. Plastische Verformungen treten bei allen Fügeverbindungen, die durch Umformung hergestellt werden (DIN 8593 1985, Teil 5), auf. Die Erscheinung, daß technische Werkstoffe bei Deformation akustische Signale abgeben, wurde von *Kaiser (1950)* nachgewiesen und mit Acoustic Emission (AE) bezeichnet. Er wies nach, daß sich im Zugversuch Schallemissionen messen lassen, die je nach Werkstoff bis weit in den Ultraschallbereich hinein reichen. Das Aussenden der Schallsignale beginnt dabei bereits, bevor makroskopisch nachweisbare Schäden auftreten (Kolerus 1980). Kaiser (1950) stellte weiterhin fest, daß die Aktivität des Werkstoffs irreversibel ist, d.h., daß nach einer Entlastung erst bei erneutem Überschreiten des früheren Belastungsniveaus akustische Emissionen gemessen werden können. Diese Eigenschaft der Werkstoffe wird als Kaisereffekt bezeichnet. Die Intensität der Emission ist lastabhängig und zeigt einen starken Anstieg am Ende des elastischen Verformungsbereichs (Kolerus 1980). Ein sehr anschauliches Beispiel für akustische Emissionen ist das sog. „Zinngeschrei", das man beim Verformen von Zinn hört, da die AE u.a. im hörbaren Frequenzbereich liegt.

Kolerus (1980) gibt einen Überblick über die Entstehungsmechanismen von Acoustic Emission. Bei steigender quasistatischer Belastung eines festen Körpers speichert dieser zunehmend potentielle Energie infolge der elastischen Deformation. Damit verbunden ist ein Anstieg von Spannungen, und bei lokalem Überschreiten bestimmter Spannungsgrenzen treten sprunghafte Übergänge in neue Gleichgewichtszustände niedrigerer potentieller Energie auf. Die freigesetzte Energie breitet sich in

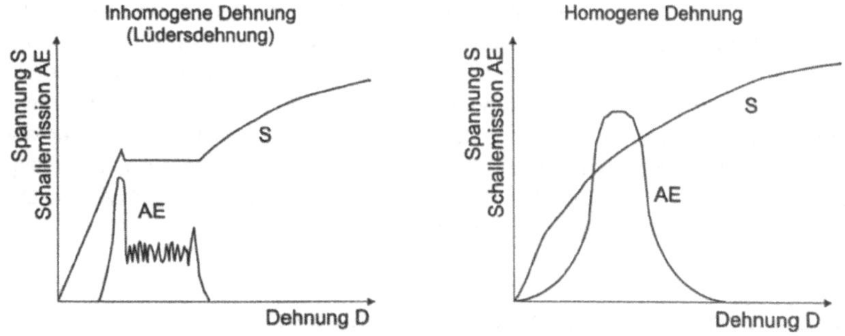

Abb. 3.6: Verlauf von Dehnung und Schallemission bei Metallen im Zugversuch (nach Kolerus 1980)

Form von elastischen Wellen aus und wird schließlich als Schallimpuls an die Umgebung abgegeben. Genannt werden beispielhaft als Ursache für die sprunghaften irreversiblen Zustandsänderungen das Abgleiten von Kristallbereichen auf benachbarte Kristallbereiche, Phasenumwandlungen, Rißbildung und Rißausbreitung und Reibungsvorgänge im Mikrobereich des Werkstoffs. Wegen der kurzen sprunghaften Übergänge ist die Anregung sehr breitbandig und erstreckt sich bis in den Bereich einiger MHz. Die Intensität der Schallimpulse ist dabei im allgemeinen sehr gering.

Werden Metalle inhomogen verformt, tritt die höchste Intensität der AE an der Streckgrenze und im Bereich der Lüdersdehnung auf (Abb. 3.6). Im anschließenden

Verfestigungsbereich verringert sich die Intensität demgegenüber deutlich. Die AE weist bei einem Werkstoff mit homogener Dehnung wie der Spannungs-Dehnungsverlauf keine sprunghaften Änderungen auf. Deshalb wird in der Werkstoffkunde der Bereich des AE-Maximums als Streckgrenze definiert. Leichtmetalllegierungen zeigen zunächst homogenes Fließverhalten und bei höheren Spannungen Rißbildung. Die AE weist in diesem Fall zwei Maxima auf, ein kleines entsprechend der Streckgrenze und ein größeres bei Rißbildung. Durch die geringe Intensität der AE tritt im niederfrequenten Bereich eine völlige Überdeckung der AE durch die makroskopischen Schallwellen auf. Um AE möglichst ohne makroskopische Schalleinflüsse zu messen, konzentriert man sich auf den Bereich größer 50 kHz. Grundsätzlich lassen sich die kontinuierliche und die impulsartige AE unterscheiden. Kontinuierliche Emissionen können mit einem stationären Rauschsignal verglichen werden und treten z.B. bei Fließvorgängen auf. Impulsartige Emissionen, auch Bursts genannt, treten auf, wenn die auslösenden Ereignisse zeitlich deutlich voneinander getrennt sind. Die Bursts äußern sich in Signalen mit hoher Amplitude und kurzer Zeitdauer und sind beispielsweise einer Rißbildung zuzuordnen *(Schmitt-Thomas u.a. 1978, S. 40)*.

Die Frequenzen, die bei der mikroskopischen Schallentstehung auftreten, können nur im Ultraschallbereich gemessen werden und sind vom Menschen nicht wahrnehmbar. Aufgrund der Intensität des Schalls kann AE nur in Form von Körperschall in unmittelbarer Nähe zum Entstehungsort aufgenommen werden. Die mikroskopischen Verformungen treten beim Fügen vor allem beim Übergang von der elastischen zur plastischen Verformung auf, z.B. bei Reibungsvorgängen mit entsprechender Verformung der Oberflächen oder beim Vorspannen des Schraubenschafts bei der Herstellung einer Schraubverbindung.

3.2.3 Schallentstehung durch Strömungen

Neben den Schallsignalen, die unmittelbar am Ort des Fügeprozesses entstehen, wird Schall in der Montage auch durch Strömungsvorgänge z.B. durch die Abluft von Pneumatikzylindern oder durch Druckstöße beim Schalten von Hydraulik- bzw. Pneumatikventilen verursacht. In diesen Geräuschen findet sich jedoch im Normalfall für die Verbindung keine qualitätsrelevante Information. Die Geräusche können jedoch zur Prüfung des korrekten Ablaufs einzelner Montageschritte und zur Synchronisation der Messung mit dem Prozeß herangezogen werden. Treten die Geräusche in der Nähe des Meßaufnehmers auf und überlagern sie sich mit den unmittelbaren Geräuschen des Fügeprozesses, wirken sie sich in der Regel störend auf den Überwachungsvorgang aus.

Die Frequenzen, bei denen Strömungen auftreten, liegen häufig im Hörschallbereich. Die Intensität des Schalls ist stark richtungsabhängig und muß bei Bedarf verringert oder umgeleitet werden.

3.3 Schallausbreitung

Je nach Aggregatzustand des Mediums sind unterschiedliche Ausbreitungsformen möglich. Festkörper können im Gegensatz zu Gasen Schubkräfte aufnehmen. Dies führt zu verschiedenen Wellenarten in Festkörpern und in der Luft.

3.3.1 Schallausbreitung in Festkörpern

Festkörper können Schub- und Zugspannungen aufnehmen. Deshalb breitet sich Schall durch Longitudinal- und Transversalwellen aus (Abb. 3.7). Die Schallgeschwindigkeit ist von der Wellenform abhängig. Longitudinalwellen breiten sich in Stahl mit 5700 m/s, Transversalwellen mit 3200 m/s aus. Häufig treten jedoch auch Mischtypen auf, die eine Überlagerung von reinen Longitudinal- und Transversalwellen darstellen.

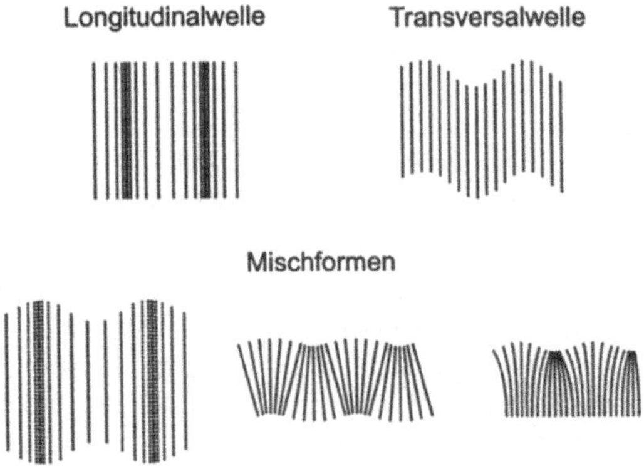

Abb. 3.7: Ausbreitung von Schallwellen in Festkörpern (nach Zwicker & Zollner 1987, S. 98)

Die Ausbildung bestimmter Wellenformen ist dabei vom Verhältnis der Wellenlänge des Schallsignals zu den Abmessungen des Körpers abhängig. Die Wellenlänge λ eines Schallsignals ergibt sich zu:

$$\lambda = \frac{c}{f}\,[m] \qquad \begin{array}{ll} c: & \textit{Geschwindigkeit des Schalls} \\ f: & \textit{Schallfrequenz} \end{array} \qquad (3.2)$$

Ist der Körper, in dem sich die Schallwelle ausbreitet, groß gegenüber der Wellenlänge des Schalls, breitet sich der Schall als kugelförmige Welle aus. Treffen Körperschallwellen auf Grenzflächen, werden sie reflektiert bzw. ändern ihre Wellen-

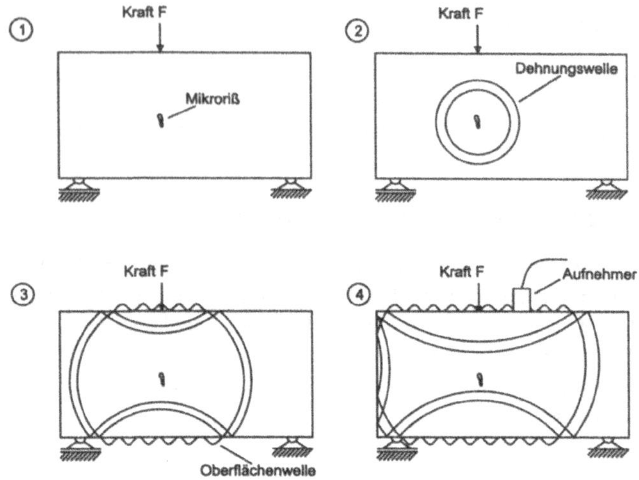

Abb. 3.8: Kugelwelle in einem Festkörper (nach Kolerus 1980)

form. Die Wellenformen sind somit von der Geometrie der betrachteten Körper abhängig. Deshalb ist die mathematische Beschreibung von Schall in Festkörpern sehr kompliziert.

Um aus der Messung auf den Prozeßverlauf schließen zu können, ist es wichtig, daß der Aufnehmer nach der Bestimmung eines geeigneten Meßorts für alle Messungen an dieser Stelle belassen wird. Dadurch wird es möglich, vergleichende Messungen durchzuführen, ohne die Ausbreitungsmechanismen des Körperschalls für die einzelnen Messungen berücksichtigen zu müssen.

3.3.2 Schallausbreitung in Luft

In gasförmigen Medien breiten sich Schallwellen nur in Form von Longitudinalwellen (Dichtewellen) aus. Wie bereits angedeutet, wird das Schallfeld durch den Schalldruck p und die Schallschnelle v charakterisiert. Um das Schallfeld durch die Größen p und v möglichst einfach zu beschreiben, wird die Schallquelle, z.B. der Fügeprozeß, durch eine kugelförmige Quelle angenähert, vergleichbar mit einem kugelförmigen Luftballon, dessen Innendruck ständig verändert wird. Durch die mit einer Geschwindigkeit v bewegte Kugeloberfläche wird die umgebende Luft zu Schwingbewegungen angeregt und dadurch komprimiert bzw. dekomprimiert. Als

Folge davon werden konzentrische Druckwellen abgestrahlt, deren Zentrum der Kugelmittelpunkt ist.

Der Schalldruck und damit die Lautstärke sind umgekehrt proportional zum Abstand r der Quelle, d.h. die Lautstärke des Geräusches nimmt mit zunehmender Entfernung kontinuierlich ab.

$$\hat{p}\,[Pa] \approx \frac{1}{r} \qquad (3.3)$$

Deshalb ist es wichtig, daß der Abstand des Meßaufnehmers für die Messungen nicht verändert wird, und daß er direkt auf den Ort der Schallentstehung gerichtet werden kann.

3.4 Schallmessung

3.4.1 Luftschallmessung

Um den abgestrahlten Luftschall an Fügeprozessen zu messen, wird der Schalldruck mit Hilfe von Meßmikrofonen aufgenommen. Die Luftschallmeßwandler sind in der Regel Kondensatormikrofone. Ein Kondensatormikrofon besteht aus einer schwingfähigen Membranelektrode und einer starren Gegenelektrode. Beide Elektroden bilden einen Kondensator der Kapazität C. Wird die schwingfähige Elektrode durch den Wechseldruck bewegt, wird die Kapazität des Kondensators verändert und die Kapazitätsänderung gemessen. Die Ausgangsspannungen am Mikrofon sind damit proportional zu den gemessenen Druckschwankungen. Die Zeitfunktion p(t) bzw. die Spannung u(t) enthält alle Geräuscheigenschaften wie z.B. Lautstärke, Höhenlage usw. Ein Vorteil bei der Messung des Geräusches über das Luftschallfeld ist, daß das Mikrofon einfach an verschiedene Orte bewegt und fixiert werden kann, d.h. man kann es direkt auf den interessierenden Bereich richten. Nachteilig sind die evtl. vorhandenen Umgebungsgeräusche, die aus dem Umfeld mit aufgenommen werden. Der negative Einfluß der Umgebungsgeräusche kann umgangen werden, indem man ein Richtmikrofon verwendet, das Mikrofon sehr nahe an das Prozeßgeschehen heranführt oder Schallschutzmaßnahmen vorgesehen werden. Weiterhin kann der Umgebungsschall, der mit Hilfe eines zweiten Mikrofons aufgenommen wird, vom Prozeßgeräusch subtrahiert werden.

3.4.2 Körperschallmessung

Ein Eindringen in das Innere des Schallfeldes ist zur Messung von Körperschall im Gegensatz zur Luftschallmessung nicht möglich. In diesem Fall muß man auf Meßgrößen ausweichen, die an den äußeren Begrenzungen der Festkörper auftreten. Dort können die Schwingungen als Schwingweg, Schwinggeschwindigkeit und Schwingbeschleunigung aufgenommen werden.

In der Praxis ist eine Berechnung einer Schwinggröße aus einer anderen durch Differenzieren nicht sinnvoll. Im Meßsignal sind dem Nutzsignal in der Regel Störsignale überlagert, die durch Differenzieren verstärkt werden. Die Integration führt zu einer Glättung des Meßsignals und bewirkt eine Verringerung des Störrauschens. Beliebige Schwingungen lassen sich immer als die Überlagerung von harmonischen Schwingungen interpretieren. Für harmonische Schwingungen von Weg, Geschwindigkeit und Beschleunigung ergibt sich folgender Zusammenhang:

$$x(t) = \hat{x}\sin(\omega t) \tag{3.4}$$

$$v(t) = \hat{x}\omega\cos(\omega t) = \hat{v}\cos(\omega t) \tag{3.5}$$

$$a(t) = -\hat{x}\omega^2\sin(\omega t) = \hat{a}\sin(\omega t) \tag{3.6}$$

Dabei wird deutlich, daß die Scheitelwerte der Schwingungen frequenzabhängig sind. Sollen hohe Frequenzen gemessen werden, ist es zweckmäßig, die Schwingbeschleunigungen zu messen. Die Amplitude der Beschleunigung nimmt im Gegensatz zur Amplitude des Schwingweges bei steigenden Frequenzen zu. Dagegen ist bei geringen Frequenzen der umgekehrte Effekt zu beachten. Da im Rahmen der Arbeit Fügegeräusche, d.h. Signale mit dynamischen Anteilen und mit charakteristi-

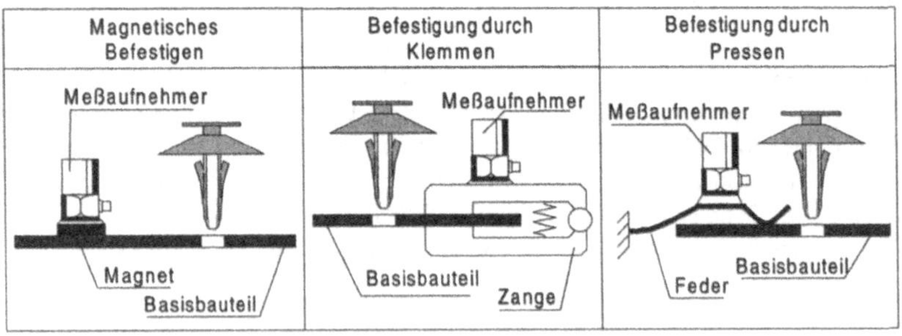

Abb. 3.9: Methoden zur Befestigung von Meßaufnehmern (Wisbacher 1992)

scher Frequenzzusammensetzung, untersucht werden, ist die Messung des Schwingweges nicht geeignet.

Zur Messung der Schwinggeschwindigkeit stehen sowohl berührungslos wie berührend arbeitende Aufnehmer zur Verfügung, während zur Messung der Schwingbeschleunigung nur berührende Verfahren bekannt sind *(Profos & Pfeifer 1992)*. Berührende Aufnehmer können grundsätzlich an allen Bauteilen angebracht werden, die am Fügeprozeß beteiligt sind, d.h. an den Fügepartnern, am Fügewerkzeug sowie an den Bauteilaufnahmen. Bei Befestigung am Fügepartner muß der Aufnehmer vor jedem Fügeprozeß am Fügeobjekt befestigt und im Anschluß daran wieder entfernt werden. Voraussetzung für diese Art von Befestigung ist, daß ein schnelles Befestigen und Lösen des Aufnehmers möglich sowie eine hohe und gleichbleibende Übertragungsqualität der Körperschallsignale gewährleistet ist und daß die Fügepartner nicht beschädigt werden. Dazu wurde bereits die Befestigung mittels Magnet, Zange oder Anpreßfeder vorgeschlagen *(Wisbacher 1992)*.

Zu beachten ist, daß bei dieser Art von Befestigung nur sehr niederfrequente Schwingungen bis ca. 2 kHz übertragen werden können. Das übertragbare Frequenzmaximum ist dabei von den spezifischen Bedingungen an der Koppelstelle abhängig. Schallsignale, die durch makroskopische Verformung verursacht sind, können übertragen werden, während Schallsignale, die durch mikroskopische Verformung verursacht wurden, nicht übertragbar sind. Daneben ist es oftmals nicht möglich, den Schwingungsaufnehmer direkt an den zu fügenden Bauteilen anzubringen. Als Alternative bietet sich eine Befestigung am Montagewerkzeug oder an den Bauteilaufnahmen an. Die Aufnehmer können, da sie dauerhaft angebracht werden, optimal fixiert werden. Durch ein Anschrauben bzw. Ankleben des Aufnehmers wird vermieden, daß hohe Frequenzen stark gedämpft werden. Voraussetzung für die dauerhafte Befestigung ist jedoch eine weitgehend ungedämpfte Übertragung zwischen Fügeprozeß und Montagewerkzeug bzw. Bauteilaufnahme.

Um Körperschall zu messen, wird an die schwingende Struktur ein Masse-Dämpfer-Feder-System angekoppelt. Das System führt durch die Ankopplung erzwungene Schwingungen mit der Frequenz des Meßobjekts aus. Die seismische Masse widersetzt sich der äußeren Bewegungseinleitung und erzeugt dadurch eine der Beschleunigung proportionale Reaktionskraft auf die schwingende Struktur. Diese Kraft bzw. die daraus resultierende Verformung des Federelements wird gemessen. Gebräuchliche Aufnehmer verwenden das piezoelektrische Verfahren zur Wegmessung der Verformung. Der schematische Aufbau eines piezoelektrischen Beschleunigungsaufnehmers ist in Abb. 3.10 dargestellt. Zwei Scheiben aus gegeneinander polarisierter Piezokeramik bilden das elektro-mechanische Wandlerelement, dessen eine Seite mit dem Boden des Gehäuses fest verbunden ist, während die seismische Masse mit Hilfe einer Feder vorgespannt wird. Dieser Aufbau bildet das schwingfähige System.

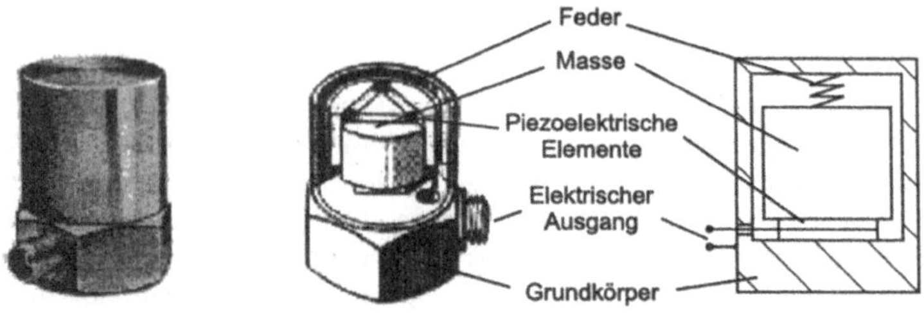

Abb. 3.10: Aufbau eines piezoelektrischen Beschleunigungsaufnehmers (nach Veit 1977)

Beim Auftreten einer Beschleunigung in Achsrichtung wirkt eine Kraft F auf das Piezoelement, die zur Beschleunigung der seismischen Masse und damit der elektrischen Ausgangsspannung des Aufnehmers proportional ist. Aufgrund der flächigen Ankopplung dieser Aufnehmerbauart ist die Messung von hochfrequenten Oberflächenwellen, die mit Frequenzen bis zu einigen MHz und folglich mit kleinen Wellenlängen auftreten können, nicht durchführbar. Hier werden piezoelektrische Aufnehmer eingesetzt, deren Aufbau eine nahezu punktförmige Ankopplung des Wandlerelements an die Festkörper ermöglicht.

Befestigungsprobleme entfallen mit berührungslosen Verfahren. Mit berührungslos arbeitenden Meßaufnehmern kann die Schwingung i.a. direkt oder in unmittelbarer Nähe an ihrem Entstehungsort erfaßt werden. Berührungslose Verfahren sind zudem rückwirkungsfrei, d.h. sie beeinflussen die Schwingungen an den Festkörpern nicht, da keine zusätzliche Masse in das schwingfähige System eingebracht wird.

Ein Verfahren zur berührungslosen Geschwindigkeitsmessung von Schwingungen ist die Messung nach dem Doppler-Prinzip. Dieses Meßprinzip wird in Laser-Vibrometern verwendet. Verglichen mit berührend arbeitenden Beschleunigungssensoren sind diese optischen Laborgeräte jedoch um ein vielfaches teurer, so daß zum gegenwärtigen Zeitpunkt die Kosten gegen die Verwendung in der industriellen Praxis sprechen.

3.4.3 Meßwerterfassung

Um eine Überwachung des Fügeprozesses durchführen zu können, sind die von den Sensoren aufgenommenen Signale aufzubereiten und im Anschluß daran für eine rechnergestützte numerische Weiterverarbeitung zu digitalisieren. Neben den für die Überwachung relevanten analogen Schallsignalen werden auch digitale Signale, z.B. Schaltsignale von der Steuerung der Fügeeinrichtung, verarbeitet. Damit werden die

Messungen getriggert, d.h. zu einem bestimmten Zeitpunkt gestartet. In Abb. 3.11 ist die Meßkette zur Aufnahme von Schallsignalen dargestellt.

Zunächst werden die Sensorsignale verstärkt und gefiltert. Um das Analogsignal mit einem Rechner bearbeiten zu können, wird es in eine Folge von digitalen Werten umgesetzt. Hierzu wird aus dem Analogsignal zu konstanten Zeitpunkten nT_a der dem Amplitudenwert entsprechende digitale Quantisierungswert zugeordnet. Die Frequenz, die den Zeitpunkten entspricht, heißt Abtastfrequenz $f_a = 1/T_a$.

Um Abtastfehler zu vermeiden, muß die Abtastfrequenz mindestens doppelt so groß wie die im abzutastenden Signal maximal auftretende Frequenz f sein.

$$f_a > 2 \cdot f_{max} \tag{3.7}$$

Signalfrequenzen, die oberhalb dieser Abtastfrequenz liegen, finden sich nach der Unterabtastung als niederfrequentes Signal wieder. Da im Normalfall jedoch die höchste im Analogsignal vorkommende Frequenz nicht bekannt ist, muß das Signal vor der Analog/Digitalumsetzung tiefpaßgefiltert werden, um die durch Unterabtastung entstehenden Fehler zu vermeiden. Je nach interessierendem Frequenzbereich werden die Schallsignale mit der entsprechenden Abtastrate abgetastet.

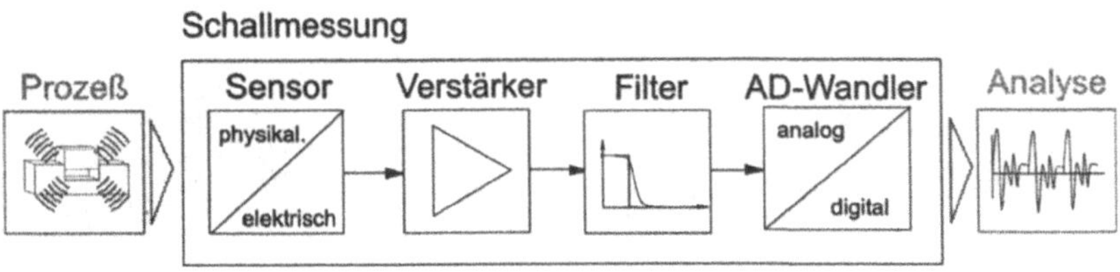

Abb. 3.11: Meßkette nach Profos & Pfeifer 1992

3.5 Schallanalyse

Die Leistungsfähigkeit der akustischen Prozeßüberwachung wird neben der Aufnahme unverfälschter Prozeßsignale durch eine umfassende und leistungsfähige Schallanalyse bestimmt. Bei der Schallanalyse wird die aufgenommene Datenmenge auf einige wenige Signalkennwerte, die Merkmale genannt werden, reduziert. Dabei ist darauf zu achten, daß die qualitätsrelevante Information durch die Reduktion erhalten bleibt. Für die Analyse der Schallsignale existieren eine Vielzahl von Analysefunktionen, von denen im folgenden Abschnitt nur eine kleine Auswahl beschrieben wird. Für hier nicht erwähnte Verfahren sei auf die umfangreiche Literatur zu dieser Thematik verwiesen (*Brigham 1989, Duda & Hart 1973, Eppinger & Herter 1993, Holmes 1991, Niemann 1983, Martini 1987, Schnorrenberg 1990, Schrüfer 1990a, Schrüfer 1990b, Schwarz 1988, Stearns 1988, Tilli 1993, Zimmermann 1993*).

Die Ermittlung der Merkmale erfolgt empirisch und wird manuell durchgeführt. Handelt es sich um ein Geräusch im hörbaren Frequenzbereich, hört man sich die Geräusche der Prozesse an und vergleicht gegebenenfalls mit Geräuschen, die an fehlerhaften Prozessen gemessen wurden. Ansonsten können mit grafischen Darstellungen geeignete Merkmale gefunden werden. Mit grafischen Verfahren ist sowohl das Finden geeigneter Merkmale als auch deren Bewertung möglich. Dazu muß immer eine vorher ermittelte Referenzgrafik zur Verfügung stehen. Der Mensch unterscheidet die Geräusche bei einem Fügeprozeß aufgrund der Lautstärke, des Klanges und des Zeitpunkts, an dem sie wahrgenommen werden. Diese Kriterien sollten auch bei der Generierung des Merkmals mit Hilfe des Rechners berücksichtigt werden.

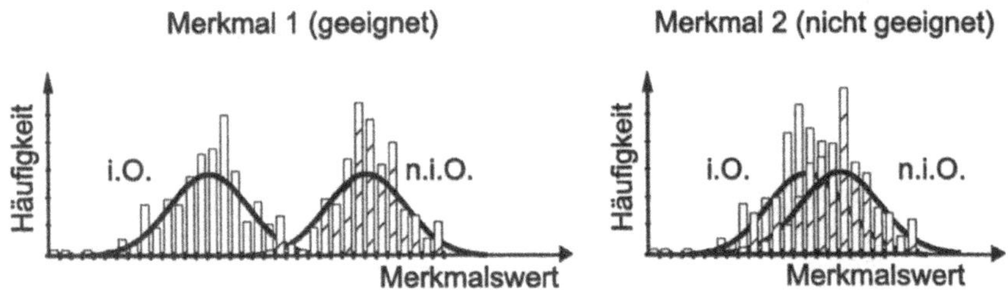

Abb. 3.12: Grafische Auswahl von Merkmalen

Die Merkmalsextraktion kann dabei im Zeit- oder im Frequenzbereich erfolgen. Der Vorteil der direkten Signalauswertung im Zeitbereich liegt im geringen Zeitaufwand, der zur Merkmalsfindung notwendig ist, da keine aufwendigen Transformationen durchgeführt werden müssen. In vielen Fällen ist die Analyse qualitätsrelevanter Merkmale schwierig. Durch eine Transformation der Signale in den Frequenzbereich oder eine Signalfilterung wird eine tiefgreifende Analyse verschiedener Frequenzanteile oder Frequenzbereiche im Schallsignal und die Ermittlung qualitätsrelevanter Merkmale ermöglicht.

Neben der Bildung von Maxima, Minima, der Bildung von Zeitwerten und der Filterung im Zeitbereich kommen statistische Analysen und Analysen im Frequenz- und Quefrenzbereich in Betracht.

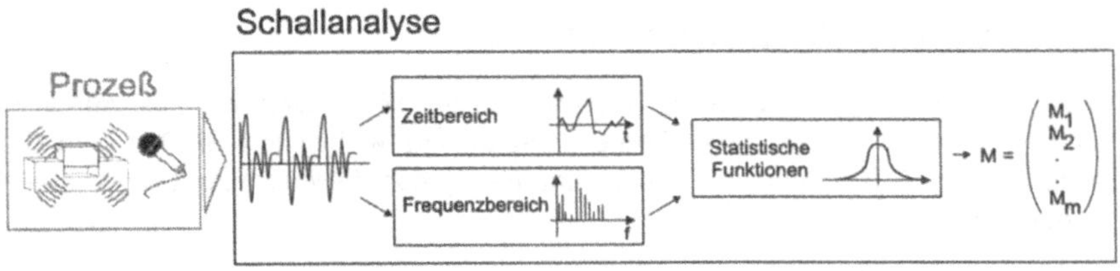

Abb. 3.13: Darstellung der Signalinformation durch die Berechnung von Merkmalen bei der Signalanalyse

3.5.1 Filterung

Durch Filterung können wesentliche Informationen, die sich in einem begrenzten Frequenzband des Schallsignals konzentrieren, hervorgehoben werden. Hoch- bzw. Tiefpaß werden eingesetzt, wenn hochfrequente Störungen oder tieffrequente Strukturschwingungen vom Nutzsignal getrennt werden sollen. Bandpaßfilter bzw. -sperren lassen Signalanteile innerhalb eines Frequenzbandes zwischen oberer Grenzfrequenz f_o und unterer Grenzfrequenz f_u passieren bzw. nicht passieren. Die Frequenzbereiche werden durch ihre Mittenfrequenz f_m und ihre Bandbreite bestimmt. Je nach Analysebreite unterscheidet man zwischen Oktav-, Terz-, und Schmalbandfilter. Oktav- und Terzfilter haben eine relative Bandbreite, d.h. das Verhältnis der oberen zur unteren Grenzfrequenz beträgt 2 : 1 bei Oktavfiltern *(DIN 45651)* und $\sqrt[3]{2}$: 1 bei Terzfiltern *(DIN 45652)*. Schmalbandfilter hingegen haben sowohl relative als auch absolute Bandbreiten.

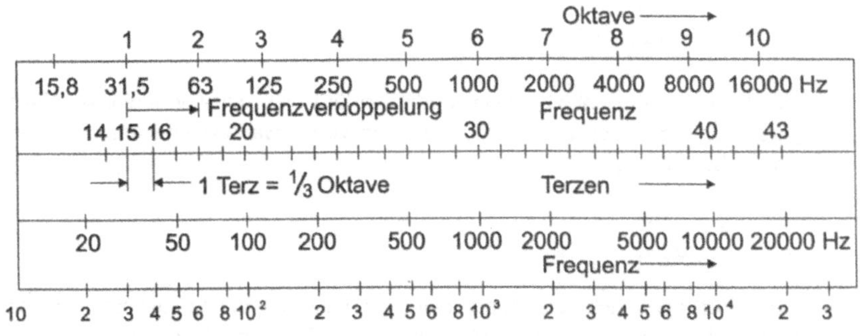

Abb. 3.14: Beziehung von Frequenzen, Terzen und Oktaven (nach Fellbaum & Loos)

3.5.2 Statistische Größenbestimmung

Statistische Funktionen führen zu aussagekräftigen Merkmalen, die aus mehreren Meßwerten oder Datensätzen gebildet werden. Die wichtigsten Größen sind der Mittelwert, der Effektivwert, die Varianz und die Standardabweichung. Der Mittelwert $\bar{x}$ berechnet sich zu

$$\bar{x} = \frac{1}{N}\sum_{n=1}^{N} x_n \tag{3.7}$$

Neben dem Mittelwert werden vor allem bei der Messung von AE häufig der Effektivwert $\tilde{x}$ oder RMS-Wert (Root Mean Square) herangezogen. Er berechnet sich zu

$$\tilde{x} = x_{eff} = \sqrt{\frac{1}{N}\sum_{n=1}^{N} x_n^2} \tag{3.8}$$

Die Varianz σ^2 ist ein Maß für die Streuung der Meßwerte. Mit dem Mittelwert $\bar{x}$ ergibt sich die Varianz als

$$\sigma_x^2 = \frac{1}{N}\sum_{n=1}^{N}(x_n - \bar{x})^2 \tag{3.9}$$

Die positive Quadratwurzel der Varianz wird als Standardabweichung σ bezeichnet.

$$\sigma_x = \sqrt{\sigma_x^2} = \sqrt{\frac{1}{N}\sum_{n=1}^{N}(x_n - \bar{x})^2} \tag{3.10}$$

Mit Hilfe von Korrelationsverfahren kann die Ähnlichkeit eines Merkmalswertes x mit einem anderen Merkmalswert y bestimmt werden. Zu diesem Zweck wird die Kovarianz gebildet, die definiert ist als

$$\sigma_{xy} = \frac{1}{N}\sum_{n=1}^{N}(x_n - \bar{x})(y_n - \bar{y}) \tag{3.11}$$

Als Maß für die Ähnlichkeit zweier Merkmale läßt sich der Korrelationskoeffizient r angeben. Er ergibt sich aus dem Quotienten von Kovarianz und dem Produkt der Standardabweichungen.

$$r = \frac{\sigma_{xy}}{\sigma_x \sigma_y} \tag{3.12}$$

Mit dem Wert r läßt sich berechnen, inwieweit ein Merkmal im akustischen Signal mit dem Qualitätsmerkmal der Verbindung korreliert. Eine Korrelation von r=1 bedeutet, daß mit Hilfe des akustischen Merkmals die Verbindungsfestigkeit exakt bestimmt werden kann.

3.5.3 Frequenzanalyse

Für die Analyse der spektralen Zusammensetzung des akustischen Signals findet die DFT (Discret-Fourier-Transform)

$$X(k) = \sum_{n=0}^{N-1} x_n e^{\frac{-j2\pi nk}{N}} \qquad mit \;\; k = 0.......N-1, \tag{3.13}$$

Anwendung, wobei in vielen Fällen auf die FFT (Fast-Fourier-Transform) zurückgegriffen wird. Für die FFT ist ein geringerer Rechenaufwand als für die DFT nötig. Die Anzahl der Datenwerte N, die transformiert werden, muß für die verschiedenen FFT-Algorithmen bestimmte Bedingungen erfüllen, z.B. eine Potenz von 2 sein. Die FFT ist normalerweise fester Bestandteil von Programmen zur Meßwerterfassung und Signalanalyse und von *Brigham (1989)* ausführlich beschrieben, so daß hier auf die Vorstellung der Algorithmen verzichtet wird.

Als Erweiterung der Fourier-Transformationen kann das Cepstrum eingesetzt werden. Beim Cepstrum wird vom Zeitsignal das Betragsspektrum ermittelt, dieses wird logarithmiert und anschließend wird erneut ein Betragsspektrum gebildet. Mit Hilfe des Cepstrums ist es möglich, die durch den Fügeprozeß erzeugten stoßartigen Anregungen des Montagesystems und die danach folgenden abklingenden Ausschwingbewegungen von den gleichzeitig wirkenden Prozeßsignalen zu trennen. Auf die detaillierte Beschreibung des Cepstrums wird verzichtet, da *Mehles (1987)* die Möglichkeiten des Cepstrums zur Signalauswertung detailliert vorstellt.

3.6 Zusammenfassung

Mit den beschriebenen theoretischen Grundlagen zur Schallentstehung, -ausbreitung und -messung sind die Grundlagen für die experimentelle Untersuchung der akustischen Überwachung von Fügeprozessen gelegt. Mit den Analysefunktionen wird es möglich, Merkmale zu bilden, mit denen Fehler rechnergestützt erkannt bzw. auf die Qualität der Verbindung geschlossen werden kann. Damit wurden die wesentlichen Grundlagen aus den Bereichen des Qualitätsmanagement und der Akustik dargestellt, die für die akustische Überwachung von Fügeprozessen notwendig sind.

Im folgenden Kapitel werden zunächst die Anforderungen an die Überwachung von Fügeprozessen abgeleitet und im Anschluß daran das Konzept der akustischen Überwachung von Fügeprozessen dargestellt.

4 Anforderungen an die akustische Fügeprozeßüberwachung

Beim Einsatz der Prozeßüberwachung in der Montage sind verschiedene Anforderungen zu berücksichtigen. In der Literatur *(Eversheim 1989, Wisbacher 1992)* sind eine Reihe grundlegender Anforderungen aufgeführt, die an Überwachungssysteme gestellt werden und damit auch für Systeme zur akustischen Fügeprozeßüberwachung gelten. Im wesentlichen werden die

- Integrierbarkeit des Überwachungssystems,
- die Zuverlässigkeit,
- die Flexibilität,
- die Sicherheit, mit der Fehler erkannt werden, sowie
- die Wirtschaftlichkeit der Überwachungssysteme

als wichtigste Anforderungen genannt.

Unter der Integrierbarkeit des Überwachungssystems verstehen die Autoren die mechanische und meßtechnische Verträglichkeit, d.h. die anzubringenden Meßaufnehmer dürfen den Prozeßablauf nicht behindern, und es darf durch die Messung zu keiner zeitlichen Verzögerung des Prozeßablaufs kommen. In diesem Zusammenhang stellt die nachträgliche Implementierung eines Überwachungssystems in eine Montageanlage einen wichtigen Gesichtspunkt dar. Die Forderung der nachträglichen Implementierung wird durch die Untersuchung von *Hausmann (1988)* gestützt, in der mehrere Montageanlagen hinsichtlich des Überwachungsbedarfs untersucht wurden. Hausmann ermittelte, daß bei über 60% der untersuchten Anlagen Fehler auftraten, mit denen niemand gerechnet hatte und daß in 90% der Anlagen Überwachungsmaßnahmen nachträglich eingeführt oder verändert werden mußten. Obwohl seit Jahren flexible Montagesysteme propagiert werden, handelt es sich bei vielen Montageanlagen häufig noch um Sondermaschinen, die produktspezifisch entwickelt werden. Bei diesen Maschinen ist es häufig schwierig und nur unter großem konstruktiven Aufwand möglich, Kraftsensoren nachträglich und möglichst nahe am Fügeprozeß anzubringen. Es wird damit unumgänglich, den Sensor in größerem Abstand zum Prozeß unterzubringen und damit eine geringere Aussagekraft des Signals in Kauf zu nehmen. Um dies zu vermeiden, sollten Prozeßsignale von Sensoren zur Überwachung Anwendung finden, die nachträglich in der Fügestation implementiert werden können. Hier setzt z.B. die Überwachung mittels Körperschallsensoren an, die sich auch in der Fertigungstechnik zur nachträglichen Integration bewährt hat.

Daneben müssen Überwachungssysteme die Anforderungen, die an jede Komponente der rechnergestützten Produktion gestellt werden, erfüllen. Sie müssen Datenschnittstellen zur Steuerung der Fügestation und zu übergeordneten CAQ-Systemen sowie eine Benutzerschnittstelle für eine schnelle und einfache Programmierung besitzen. Daneben sollten Überwachungssysteme eine hohe Wartungsfreundlichkeit sowie eine hohe Lebensdauer aufweisen, und sie sollten einfach zu bedienen sein.

Überwachungssysteme müssen eine hohe Zuverlässigkeit und eine geringe Ausfallrate aufweisen, d.h. sie müssen unempfindlich gegenüber den rauhen Umgebungsbedingungen sein. Durch das Einbringen einer zusätzlichen Komponente wird zunächst die Störungsanfälligkeit des Gesamtsystems, bestehend aus Montage- und Überwachungssystem, erhöht. Das Überwachungssystem sollte den Anlagebediener jedoch beim Auffinden und Beseitigen der Störung soweit unterstützen, daß ein Wiederanlauf in kürzerer Zeit möglich ist. Somit kann durch die Verringerung der Fehlerbehebungszeiten die Verfügbarkeit des Gesamtsystems unverändert bleiben oder wird sogar verbessert.

Ein weiterer wichtiger Aspekt ist die Flexibilität der Überwachungssysteme. Flexibilität bedeutet, daß man mit einem Überwachungssystem in der Lage ist, sowohl verschiedene Arten von Prozessen zu überwachen, als auch unterschiedliche Qualitätsmängel bzw. Prozeßstörungen erkennen zu können. Das aus technischer Sicht wichtigste Kriterium ist jedoch die Sicherheit, mit der Störungen bzw. Qualitätsmängel erkannt werden. Eine hohe Fehlererkennungsrate und geringe Fehlalarme erhöhen die Akzeptanz bei den Mitarbeitern und führen dazu, daß die Systeme von den Mitarbeitern angenommen werden.

Neben den technischen Anforderungen müssen auch wirtschaftliche Randbedingungen erfüllt sein. Damit die Überwachungssysteme zum Einsatz kommen, muß Kostenneutralität gegeben sein, d.h. die Mehrkosten, die durch die Anschaffung der Überwachungssysteme entstehen, müssen durch deren Einsatz aufgefangen werden. Das wird möglich, wenn die Kosten für die Überwachungssysteme geringer sind als die der bisher eingesetzten manuellen Prüfverfahren, oder wenn die durch Prozeßstörungen oder Qualitätsmängel verursachten Folgekosten, welche durch die Überwachungssysteme zusätzlich verhindert werden, größer als deren Anschaffungskosten sind.

Die Forderung nach einer nachträglichen Überwachung von Fügeprozessen, die geforderte Sensitivität gegenüber Prozeß- bzw. Qualitätsfehlern und die hohe Flexibilität lassen den Ansatz der akustischen Fügeprozeßüberwachung erfolgversprechend erscheinen. Im weiteren Verlauf der Arbeit soll zunächst das Konzept der akustischen Fügeprozeßüberwachung dargestellt und anschließend die Eignung akustischer Meßgrößen zur Überwachung von Fügeprozessen näher untersucht werden.

5 Konzept der akustischen Fügeprozeßüberwachung

Der Stand der Technik zeigt, daß zur Überwachung der Fügeprozesse in der Montage erweiterte technische Möglichkeiten zur Fehlererkennung erforderlich sind und eine Methode benötigt wird, mit der die Überwachungseinrichtung zielgerichtet an die prozeßspezifischen Randbedingungen in der Fügeeinrichtung angepaßt werden kann.

Beide Forderungen werden im folgenden zweiteiligen Konzept berücksichtigt (Abb. 5.1). Die Erweiterung der technischen Möglichkeiten wird durch die On-Line-Messung und Auswertung von akustischen Prozeßgeräuschen erreicht. Die Möglichkeiten werden in Kapitel 6 dargestellt. Zur Anpassung der Überwachungseinrichtung an die Fügestation wird eine Methode beschrieben, mit der die Überwachungseinrichtung schrittweise integriert wird (Kapitel 7). Kernelement der Methode stellt die experimentelle Ermittlung des Referenzvektors dar, der zum Vergleich mit dem aus dem gemessenen Geräuschverlauf errechneten Merkmalsvektor herangezogen wird. Bei der Off-Line-Ermittlung des Referenzvektors werden verschiedenartige Prozeßparameter berücksichtigt und damit eine robuste und zuverlässige Überwachung ermöglicht.

Voraussetzung für die akustische Fügeprozeßüberwachung ist in jedem Fall, daß sich Fehler oder Qualitätsmangel im Geräuschsignal nachweisen lassen. Um den Nachweis zu führen, werden aus dem Geräuschsignal Merkmale gebildet. Auf die Ermittlung geeigneter Geräuschmerkmale für verschiedene Fügeprozesse bzw. Fehlerarten wird in Kapitel 6 eingegangen. Ziel ist, das Qualitätsmerkmal indirekt mit Hilfe eines Geräuschmerkmals zu bestimmen. Dazu ist es erforderlich, daß der Zusammenhang zwischen Qualitätsmerkmal und Geräuschmerkmal möglichst exakt, d.h. reproduzierbar und ohne große Streubereiche, bestimmt werden kann (Abb. 5.2). Sollte dies nicht für alle zu überwachenden Fehler möglich sein, ist eine Erweiterung der Überwachung mit zusätzlichen Sensoren, z.B. Kraftsensoren, notwendig. Kann kein Fehler zuverlässig erkannt werden, muß auf eine andere physikalische Meßgröße ausgewichen werden. Der Streubereich ist dabei von den wirkenden Prozeßparametern des Prozesses bzw. deren Streuung abhängig. Je kleiner die Streuung der Prozeßparameter, desto genauer kann der Zusammenhang zwischen Geräusch- und Qualitätsmerkmal ermittelt werden.

Betrachtet man den Fügeprozeß in dem abstrakten Blockschaubild in Abb. 5.3, so wirken am Prozeßeingang verschiedene Einflußgrößen, und am Prozeßausgang entsteht eine Verbindung mit dem Qualitätsmerkmal. Unter einer Einflußgröße ist z.B. die Einstellung eines Prozeßparameters, der Werkstoff der Fügepartner, die Umgebungstemperatur u.a. zu verstehen. Eine Veränderung der Einflußgröße bewirkt die Änderung der Zielgröße, z.B. der Verbindungsqualität. Die Wirkung auf die Zielgröße wird im folgenden als „Einfluß" bezeichnet.

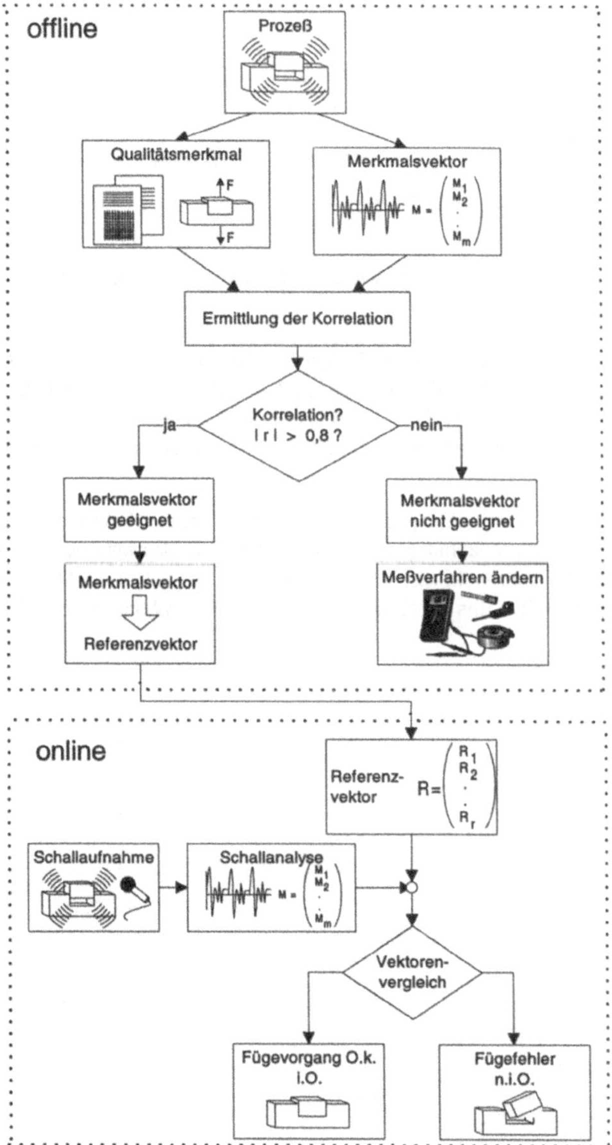

Abb. 5.1: Konzept der akustischen Fügeprozeßüberwachung

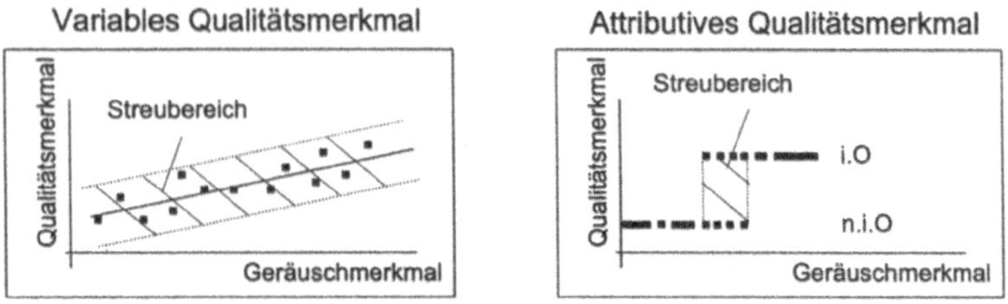

Abb. 5.2: Zusammenhang zwischen Qualitäts- und Geräuschmerkmal

Grundsätzlich lassen sich die Einflußgrößen in Größen, die für Fehler und Qualitätsmängel verantwortlich sind, und Größen, die darauf keinen Einfluß haben, unterscheiden. Hat die Einflußgröße einen hohen Einfluß auf das Qualitäts- und Geräuschmerkmal wird das Geräuschmerkmal zur Überwachung der Qualität herangezogen.

Beschränkt sich der Einfluß jedoch nur auf das Geräuschmerkmal, kann sich dies negativ auf die Überwachung auswirken, indem die Auswirkungen des Fehlers im Merkmalsvektor überdeckt wird. Dies ist dann der Fall, wenn die Einflußgröße, die zu keinem Fehler führt, das Geräuschsignal in gleicher Weise verändert wie die Feh-

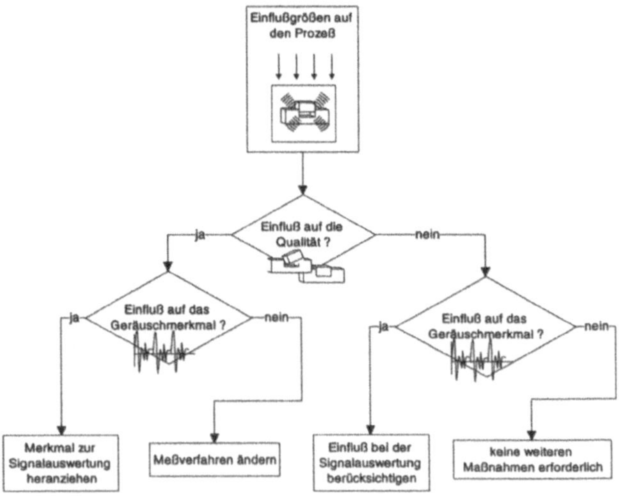

Abb. 5.3: Einflußgrößen und deren Auswirkung auf die Qualität und das Geräuschmerkmal

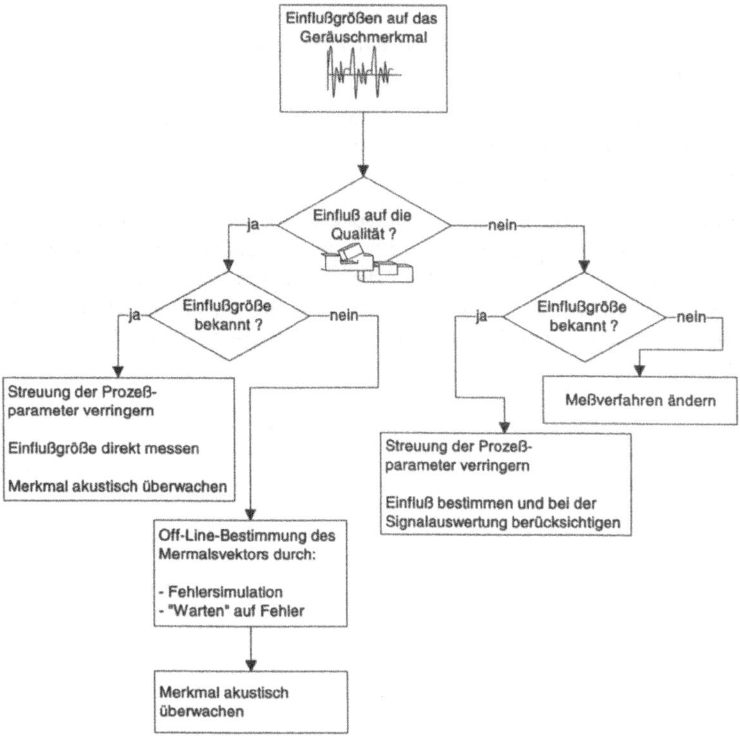

Abb. 5.4: Prozeßeinflußgrößen und deren Auswirkungen auf das Geräuschsignal

lereinflußgröße, d.h. beide Größen eine identische Veränderung des Geräuschmerkmals bewirken. In diesem Fall muß es gelingen, die Wirkung der Einflußgröße, die zu keinem Fehler führt, zu reduzieren.

Einflußgrößen, die Fehler verursachen, können bekannt und unbekannt sein (Abb. 5.4). Der Einfluß, den bekannte Einflußgrößen auf die Geräuschmerkmale ausüben, kann in Versuchen ermittelt und unmittelbar zur Fehlererkennung herangezogen werden. Die Fehler können wenn möglich auch alternativ bestimmt werden, indem die Einflußgröße direkt gemessen wird.

Dies ist bei Fehlern, für deren Entstehung keine Einflußgrößen im voraus bekannt sind, nicht möglich. Hier kann lediglich auf das Wirken unbekannter Einflußgrößen geschlossen werden. Die unbekannten Einflußgrößen, die für einen Fehler verantwortlich sind, werden vereinfachend zu einer einzigen unbekannten Fehlereinflußgröße zusammengefaßt.

Daneben können sich auf das Geräuschsignal noch weitere Störgrößen, wie z.B. Umgebungsgeräusche, auswirken. Auch sie müssen bei der akustischen Prozeßüberwachung berücksichtigt werden.

Der Einfluß, den die Prozeßeinflußgrößen auf die Geräuschmerkmale ausüben, kann berechnet werden. Die Berechnung wird in Kapitel 7 erläutert. Bei der Berechnung werden der Einfluß jener Einflußgrößen, die zu Fehlern führen, als auch jener, die keine Fehler verursachen, ermittelt. Nach der Berechnung werden diejenigen Merkmale ausgewählt, die einen hohen Fehlereinfluß bei geringen sonstigen Einflüssen aufweisen.

6 Grundlegende experimentelle Untersuchungen

6.1 Einführung und Zielsetzung

In diesem Kapitel werden Einsatzmöglichkeiten der akustischen Überwachung von kraft- und formschlüssigen Fügeprozessen vorgestellt. Dazu wurden Messungen beim Einpressen, Federnd Einspreizen, Nieten und Schrauben durchgeführt. Die Fügeverfahren kommen im Maschinenbau und in der Feinwerktechnik sehr häufig zum Einsatz und sind durch typische Fügefehler gekennzeichnet. Damit sind die Beispiele auf ähnliche Prozesse, an denen diese typischen Fehler auch auftreten, übertragbar und decken ein großes Anwendungsfeld ab. Da die Fügeverfahren in der Industrie in hohen Stückzahlen zum Einsatz kommen, werden die Fügeverbindungen häufig automatisiert hergestellt, d.h. eine Prüfung durch den Werker während der Herstellung der Verbindung ist nicht sinnvoll. Steigende Qualitätsansprüche und der zunehmende Anteil sicherheitsrelevanter Verbindungen erfordern eine sorgfältige Überprüfung der Verbindungen, so daß bereits heute und verstärkt in Zukunft eine Prozeßführung notwendig ist.

Zunächst werden die Versuchseinrichtungen, Fügewerkzeuge und Fügeprozesse beschrieben, an denen die Versuche durchgeführt wurden. Im Anschluß daran werden die Versuchsdurchführung und die gemessenen Signalverläufe der verschiedenen Fügefehler beschrieben und bewertet. Abschließend werden Störeinflüsse erläutert, die auf akustische Meßverfahren wirken und die Fehlererkennungsrate negativ beeinflussen, sowie Möglichkeiten zu deren Beseitigung aufgezeigt.

Ziel des Kapitels ist es, durch Versuche aufzuzeigen, in welchen Fällen eine akustische Überwachung möglich und sinnvoll ist, und welche Vor- und Nachteile gegenüber einer Überwachung auf Basis konventioneller Sensoren bestehen. Deshalb wurden neben den akustischen Signalen zum Vergleich zusätzlich Fügekräfte aufgenommen. Die Untersuchung fehlerhafter Prozeßverläufe und der Vergleich von Geräusch- und Kraftsignalen soll deutlich machen, in welchen Fällen sich das akustische Signal besonders zur Prozeßüberwachung eignet bzw. welche Fügefehler sich besonders gut im Geräuschsignal erkennen lassen.

6.2 Fügeprozesse und Geräuschmuster

Im folgenden Abschnitt werden die Versuchseinrichtungen, Fügewerkzeuge und Fügeprozesse sowie die akustischen Messungen beschrieben. Für die erste Ermittlung und Analyse der Geräuschmuster an den Prozessen wurden Körperschallsignale aufgenommen. Der Aufnehmer wurde dabei prozeßnah angebracht, so daß das Geräuschsignal unverfälscht und ungedämpft aufgenommen werden konnte. Der Körperschall wurde zunächst in Amplituden-Zeit-Diagrammen aufgetragen und anschließend interpretiert, d.h. es wurden charakteristische Signalabschnitte den Teilschritten des Fügeprozesses zugeordnet.

Zu Beginn der Messungen wurde der Frequenzbereich mit einem Analogfilter auf den hörbaren Frequenzbereich eingegrenzt. Als Abtastrate wurde das 3 bis 5-fache der oberen Filtergrenzfrequenz eingestellt. Die Hochachse der Meßdiagramme mit den gemessenen Zeit- bzw. Frequenzverläufen wurde so skaliert, daß die einzelnen Meßergebnisse direkt miteinander vergleichbar sind. Auf das Antragen der absoluten Meßwerte, wie z.B. der Beschleunigungsamplitude, wurde verzichtet, da die absoluten Werte bei unterschiedlichen Meßorten stark differieren. Um die Auswirkung unterschiedlicher Fügeparameter und Montagefehler auf den Geräuschverlauf zu untersuchen, ist es wichtig, die Geräuschverläufe relativ miteinander vergleichen zu können. Auf der Querachse wurde die Zeit aufgetragen. Die Beschreibung und Analyse der Kurvenverläufe dient als Grundlage, um im Anschluß die Möglichkeiten zur Überwachung der Prozesse zu ermitteln.

6.2.1 Einpressen und Federnd Einspreizen

Um Geräuschmuster beim Fügen durch Einpressen und Federnd Einspreizen messen zu können, wurde eine Versuchsstation zum Einpressen eines Kugellagers und zum Einspreizen eines Sicherungsrings in eine Deckelbaugruppe aufgebaut.

Der Deckel wird zur Montage in die Bauteilaufnahme gelegt und fixiert. Vor dem Fügen des Kugellagers und des Sicherungsrings werden die Montagewerkzeuge von oben an dem Absatz auf dem Gehäusedeckel zentriert. Das Kugellager wird nach

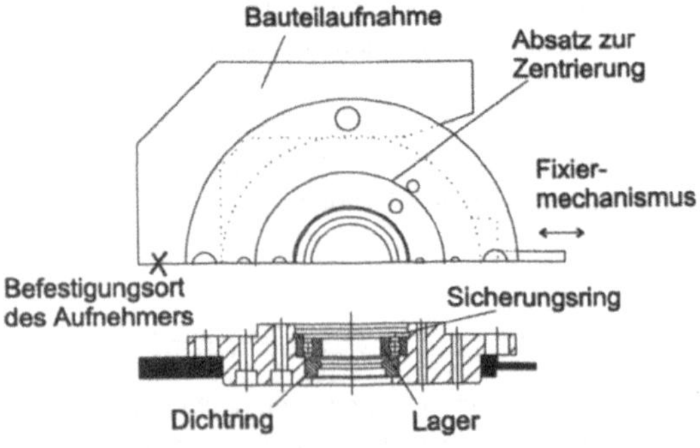

Abb. 6.1: Deckelbaugruppe mit Spannvorrichtung

der Vereinzelung mit einem Dreifingergreifer am Lagerinnenring gegriffen. Der Greifmechanismus ist dabei an einem pneumatisch betriebenen Fügestempel angebracht. Zur Montage des Lagers wird das Fügeteil durch die Vorschubeinheit und den Fügestempel in den Deckel eingepreßt. Zur axialen Sicherung wird anschließend ein Sicherungsring eingesetzt. Der Sicherungsring wird beim Vereinzeln von einem Schieber in eine kegelige Matrize geschoben (Abb. 6.2). Ein pneumatisch betriebener Stempel drückt den Ring durch die Matrize. Verläßt der Sicherungsring die Matrize, so befindet er sich bereits im Deckel und muß noch gegen die Reibkraft an der Bohrungswand in die Nut gedrückt werden.

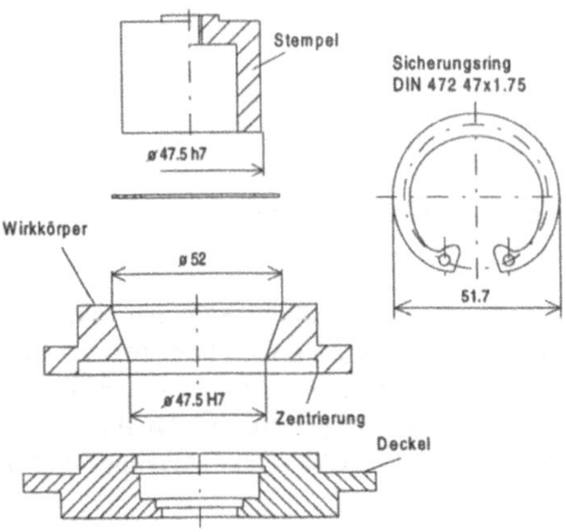

Abb. 6.2: Versuchseinrichtung zur Montage von Wälzlagern und Sicherungsringen

Der Aufnehmer für die Körperschallmessungen wurde an der in Abb. 6.1 markierten Stelle angeschraubt. Die Schallsignale müssen demnach vom Deckel auf die Aufnahme und von der Aufnahme auf den Schallaufnehmer übertragen werden. Die Übertragung der Schallsignale vom Deckel zur Aufnahme kann durch die einfache Fixierung der Bauteile Schwankungen unterliegen und sich auf den Verlauf des Schallsignals auswirken. Die Geräusche, die bei der Montage von Kugellager und Sicherungsring gemessen wurden, sind in Abb. 6.3 und Abb. 6.4 dargestellt.

Die Geräusche, die bei den kurzzeitigen, translatorischen Fügebewegungen entstehen, zeichnen sich durch Gemeinsamkeiten aus und können in vier Abschnitte aufgeteilt werden.

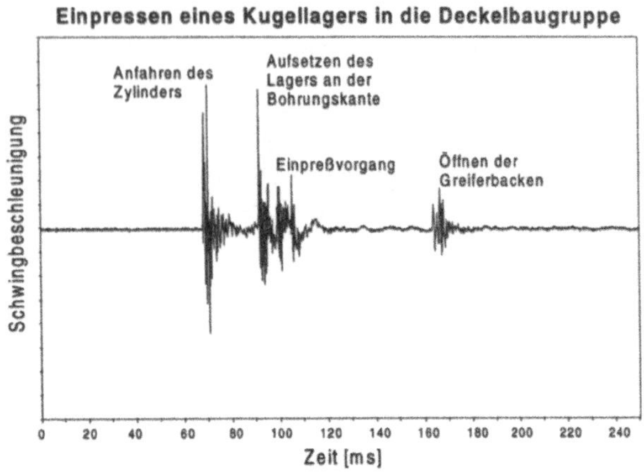

Abb. 6.3: Geräuschverlauf bei der Kugellagermontage

Zu Beginn des Fügevorgangs schaltet ein Ventil, der Pneumatikzylinder wird mit Druckluft versorgt, und die Fügebewegung beginnt. Das Anfahren des Zylinders äußert sich bei hoher Verstärkung der Meßsignale in einem starken Anstieg der Meßkurve. Der Verlauf ist charakteristisch für alle Anfahrbewegungen von Pneumatikzylindern. Er erreicht in sehr kurzer Zeit sein Maximum und nähert sich anschließend exponentiell der Nullinie.

Nach der Anfahrbeschleunigung des Zylinderkolbens wird das Bauteil mit konstanter Geschwindigkeit an die Fügestelle gebracht. Diese Phase erkennt man im Kurvenverlauf an einem erhöhten Grundrauschen. Diese beiden Phasen haben für den Prozeßablauf im Normalfall untergeordnete Bedeutung, da erst durch den Kontakt der Fügepartner der eigentliche Fügeprozeß beginnt.

Beim Ansetzen des Bauteils an die Fügestelle tritt ein weiteres charakteristisches Merkmal auf, das vom Werkstoff des zu fügenden Bauteils abhängig ist. Wird der harte Metallaußenring des Kugellagers angesetzt, so erkennt man einen hohen, sehr kurzzeitigen Peak. Anschließend erfolgt der Einpreßvorgang.

Beim Einpressen des Lagers wird der Meßaufnehmer durch die Reibung zwischen den beiden Fügepartnern zu länger andauernden Schwingungen mittlerer Amplitude angeregt. Ist das Lager eingepreßt, fällt die Meßkurve wieder auf die Nullinie zurück. Am Prozeßende öffnen die Greiferbacken.

Bei der Montage des Sicherungsringes (Abb. 6.4) sind die einzelnen Phasen nicht zu unterscheiden, da die Energie beim Einspreizen des Rings um ein Vielfaches höher

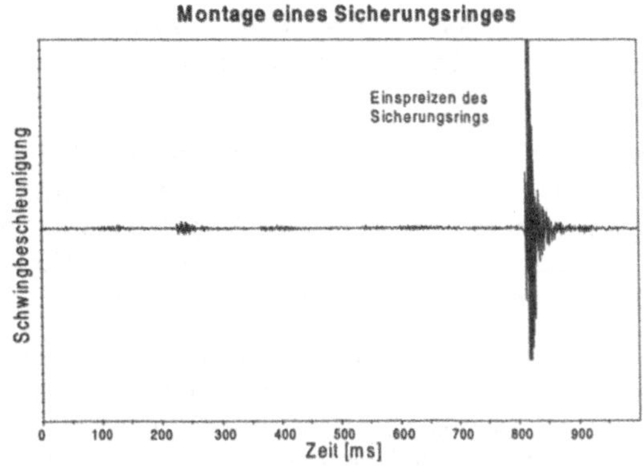

Abb. 6.4: Geräuschverlauf bei der Montage eines Sicherungsrings

ist als die Energiefreisetzung in den Vorphasen. Im Meßdiagramm ist deshalb nur das Einspreizen des Rings erkennbar.

6.2.2 Stanznieten

Um die Geräuschentwicklung beim Fügen durch Umformen untersuchen zu können, wurden Geräusche beim Stanznieten aufgenommen. Beim Stanznieten werden Bleche miteinander verbunden, ohne daß diese vorgelocht werden müssen. Bei dem untersuchten Prozeß werden die in einem Band magazinierten Nieten durch einen Fördermechanismus unter den Fügestempel und über die zu verbindenden Bleche

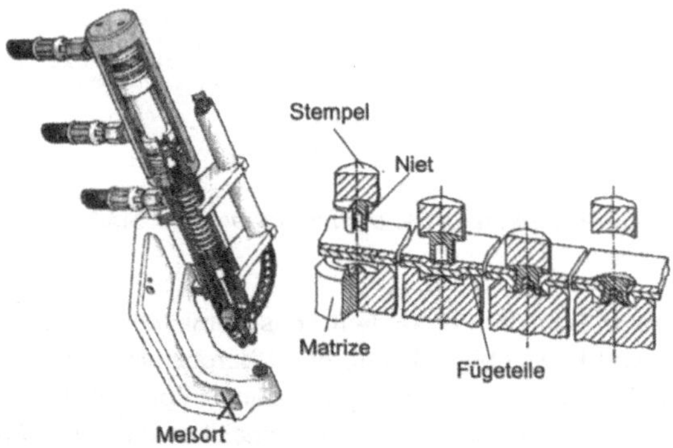

Abb. 6.5: Stanznietwerkzeug und -prozeß

gebracht. Vor dem Einschlagen des Niets werden die Bleche durch einen Niederhalter aufeinander gedrückt. Das Einschlagen des Niets erfolgt mit einem Hydraulikzylinder.

Beim Einschlagen stanzt der Halbhohlniet aus dem oberen Blech einen Stanzbutzen heraus, der dann im hohlen Nietschaft eingeschlossen wird (Abb. 6.5). Durch eine Matrize verspreizt sich der Hohlniet im unteren Bereich und bildet eine formschlüssige Verbindung. Die Matrize ist so bemessen, daß der Niet nicht aus dem unteren Blech austritt, sondern sich mit dem Blech plastisch verformt.

Um Geräusche aufnehmen zu können, wurde ein Meßaufnehmer am Werkzeugrahmen befestigt. Das Geräuschmuster beim Stanznieten ist in Abb. 6.6 dargestellt. Es fällt auf, daß neben den Geräuschen, die der Prozeß und der Hydraulikzylinder verursachen, auch die Schaltvorgänge der Ventile am Hydraulikaggregat gemessen werden. Die Geräusche werden dabei vom Steuerschrank des Stanznietautomats, an dem die Schaltventile befestigt sind, über die Hydraulikleitungen auf den Meßaufnehmer am Rahmen des Werkzeugs übertragen.

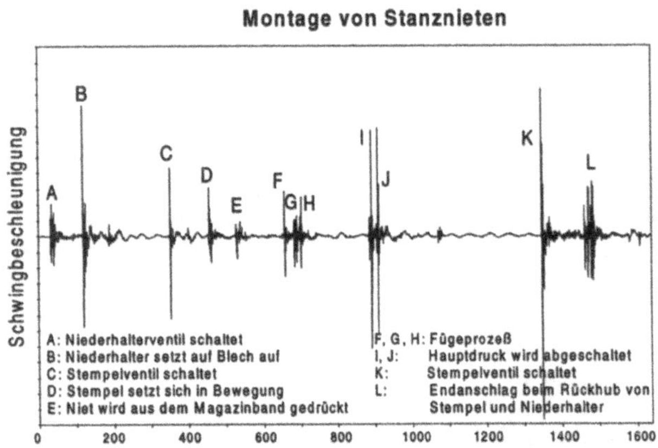

Abb. 6.6: Geräuschverlauf bei der Montage eines Stanzniets

Der Fügeprozeß im Bereich F-H wurde für das Vernieten von Aluminiumblechen näher untersucht und ist in Abb. 6.7 vergrößert dargestellt. Das Diagramm zeigt den Betrag des Geräuschsignals und die gemessene Fügekraft. Die Kraft wurde dabei mit Hilfe des Druckmessers der Druckschalteinheit bestimmt. Der Fügeprozeß ist von Geräuschen, die durch die Transporteinrichtung des Nietbands verursacht werden,

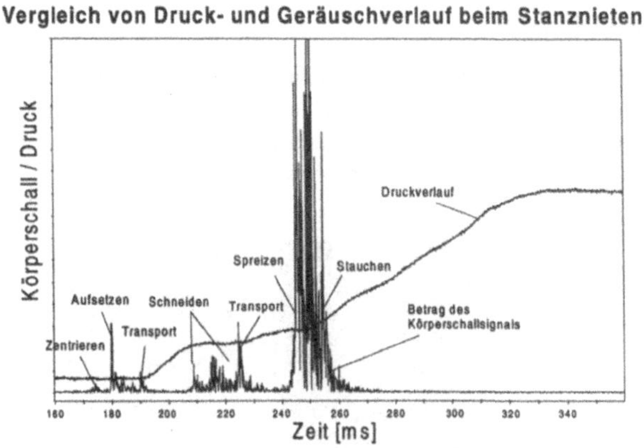

Abb. 6.7: Ausschnitt F-H des Geräuschverlaufs beim Stanznieten von Aluminiumblech

überlagert. Bewegt sich der Fügestempel nach unten, wird die Schwenkeinheit, die den Transport der Stanznieten im Magazinband bewirkt, ausgelenkt. Bei Vollauslenkung fixieren Nietsperren an der Schwenkeinheit den Niet. Verläßt der Stempel beim Rückhub das Magazinband, wird der Niet durch einen Federmechanismus der Schwenkeinheit unter den Fügestempel gebracht.

Neben den Geräuschen der Transporteinheit treten weitere charakteristische Merkmale in der Meßkurve auf. Vor dem Aufschlagen des Niets auf dem Blech wird er im Mundstück des Werkzeugs durch Kugeln zentriert. Dies äußert sich in einem Peak kurz vor dem Stoß, der durch das Aufsetzen des Niets auf dem Blech verursacht wird. Nach dem Aufsetzen des Niets auf dem Blech wird eine Kraft vom Niet über die Bleche und die Matrize auf den Werkzeugrahmen übertragen. Im Meßdiagramm ist ein steiler Kraftanstieg und ein Peak im Geräuschverlauf zu sehen. Nach dem sprunghaften Kraftanstieg steigt die Kraft linear, bis der Niet sich in das Blech schneidet. Das Durchstanzen des oberen Blechs kann im Geräuschverlauf durch einen weiteren Peak erkannt werden. Anschließend dringt der Niet in das unten liegende Blech ein, spreizt sich auf und formt das Blech in der Matrize um. Durch die plastische Verformung entstehen bei diesem Prozeß charakteristische Umformgeräusche. Es fällt auf, daß beim Umformen Emissionen erzeugt werden, die im akustischen Signal den Umformvorgang erkennen lassen. Bei Messung des Fügedrucks kann der Umformprozeß nicht registriert werden. Nach 340 ms ist der Fügestempel vollständig ausgefahren und der Fügevorgang abgeschlossen.

6.2.3 Schrauben

Zur Untersuchung der Fügegeräusche beim Schrauben wurden M3-Schlitzschrauben und M4-Sechskantschrauben an einem Versuchswerkstück verschraubt. Die Schlitzschrauben wurden von einem Pneumatikschrauber eingedreht, während die Sechskantschrauben mit einem Elektroschrauber befestigt wurden.

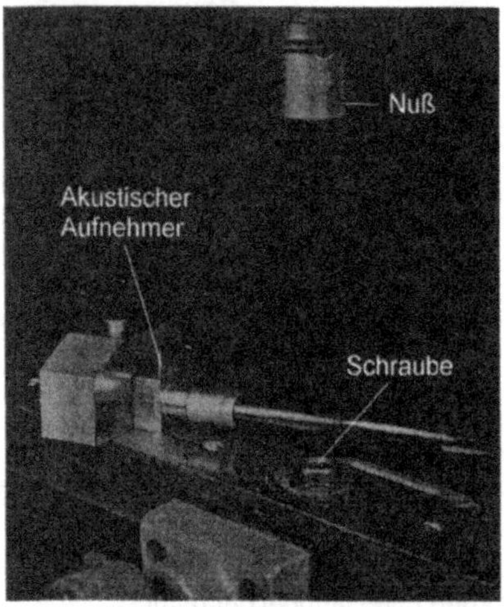

Abb. 6.8: Versuchsaufbau zur Geräuschmessung beim Schrauben

Der Geräuschverlauf beim Schrauben unterscheidet sich grundsätzlich von den bisher betrachteten Kurvenverläufen. Während die bisher betrachteten Verläufe durch kurzzeitige Peaks gekennzeichnet sind, die auf impulsartige Kraftanregungen zurückgeführt werden können, sind im Geräuschverlauf beim Schrauben periodische Signalverläufe zu erkennen. Die Periodendauer in Abb. 6.9 beträgt 400 ms. Neben den periodischen Signalmerkmalen wird ein ausgeprägtes Grundrauschen deutlich. Die Amplitude des Rauschsignals nimmt dabei mit zunehmender Schraubdauer zu, so daß die periodischen Signalverläufe und das Rauschen ineinander übergehen und am Ende des Schraubvorgangs nicht voneinander zu trennen sind.

Die Zunahme der stochastischen Signale bei Erhöhung der Reibkräfte konnte nicht quantifiziert werden, so daß Aussagen über die Reibverhältnisse beim Einschrauben mit Hilfe der stochastischen Signale nicht zu treffen waren.

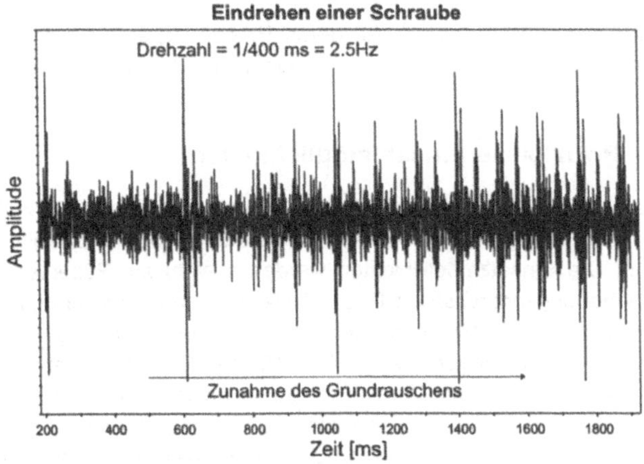

Abb. 6.9: Geräuschverlauf beim Schrauben

6.2.4 Zusammenfassung

In diesem Abschnitt wurden die Versuchseinrichtungen und Prozeßgeräusche der ausgewählten Prozesse beschrieben. Die gemessenen Geräuschverläufe wurden an korrekt gefügten Verbindungen mit einem Körperschallaufnehmer aufgenommen. Sie bilden die Grundlage für die weitere Arbeit und werden in den folgenden Abschnitten zum Vergleich mit Prozeßgeräuschen fehlerhafter Verbindungen herangezogen.

6.3 Bewertung der Geräuschverläufe hinsichtlich Fügefehler

In den weiteren Ausführungen werden die dargestellten Signalverläufe analysiert, bewertet und die Einsatzmöglichkeiten der akustischen Überwachung dargestellt. Dabei wird zwischen „prinzipiellen" und „vorzugsweise nutzbaren Einsatzmöglichkeiten" unterschieden. Im Abschnitt „Prinzipielle Einsatzmöglichkeiten" werden Prozeßfehler beschrieben, die mit Hilfe der akustischen Fügeprozeßüberwachung erkannt werden können, für deren Überwachung können jedoch auch sensorische Alternativen, z.B. Kraftsensoren, Bildverarbeitungssysteme, binäre Sensoren zum Einsatz kommen. Im Abschnitt „Vorzugsweise nutzbare Einsatzmöglichkeiten" werden dagegen Prozeßfehler beschrieben, für deren Erkennung sich die akustische Fügeprozeßüberwachung besonders eignet und geeignete Alternativen fehlen.

6.3.1 Prinzipielle Einsatzmöglichkeiten

In diesem Kapitel sollen die prinzipiellen Einsatzmöglichkeiten der akustischen Prozeßüberwachung beschrieben werden, um Fehler in der automatischen Montage zu erkennen. Die Einsatzmöglichkeiten werden sowohl am Fügeprozeß als auch bei den Handhabungsprozessen, z.B. der Teilezuführung oder dem Greifen von Bauteilen, untersucht. Der Schwerpunkt liegt dabei auf der Erkennung von Fügefehlern, da sie negative Auswirkungen auf die Qualität des Produktes haben und häufig erst sehr spät entdeckt werden. Für Handhabungsfehler, die offensichtlicher sind, da sie normalerweise zum Stillstand der Anlage führen, liegt der Schwerpunkt auf einer kostengünstigen Überwachung, die durch eine frühzeitige Fehlererkennung Anlagenstillstände vermeiden hilft.

6.3.1.1 Überwachung von Fügeprozessen

Hausmann (1988) hat die Fehlermöglichkeiten einiger Fügeverfahren in der industriellen Praxis untersucht und Prozeßparameter zur Überwachung vorgeschlagen (Abb. 6.10). Im folgenden Abschnitt wird überprüft, inwieweit die von ihm vorgeschlagene Überwachung, die auf der Messung von Kräften und Wegen beruht, durch die Messung von Prozeßgeräuschen ersetzt bzw. verbessert werden kann. Dazu werden die von Hausmann ermittelten Fehlermöglichkeiten auf die 3 wesentlichen Ursachen reduziert. Dies sind:

- Toleranzschwankungen,
- beschädigte Fügeteile,
- Umwelteinflüsse und Verschleiß.

Toleranzschwankungen

Hausmann (1988) hat in seiner Untersuchung aufgezeigt, daß die am häufigsten vorkommenden Fügefehler in der industriellen Praxis auf Toleranzschwankungen zurückzuführen sind. Die Schwankungen betreffen dabei sowohl die geometrischen Toleranzen der zu fügenden Bauteile als auch Positions- und Orientierungstoleranzen der Bauteile zueinander. Positions- und Orientierungstoleranzen äußern sich sofort beim ersten Kontakt der Fügepartner und sind deshalb zu Beginn des Meßsignals zu detektieren.

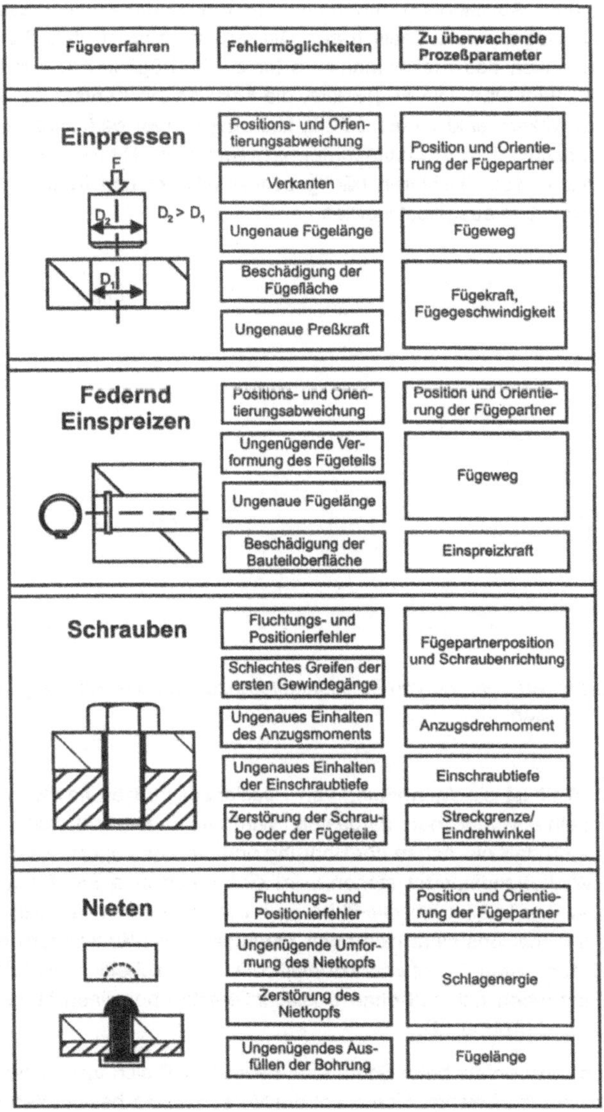

Abb. 6.10: Fehlermöglichkeiten bei Fügeverfahren (nach Hausmann 1988)

Im allgemeinen treten beim Aufsetzen Peaks im Geräuschsignal auf, die je nach Versatz oder Abweichung zunehmen. Im Kraftsignal treten diese Abweichungen normalerweise nicht so deutlich auf. Der Grund dafür ist, daß die Fügestation und der Meßbereich des Kraftaufnehmers für die im Fügeprozeß auftretende Maximalkraft ausgelegt sind. Die Fügekräfte, die beim ersten Kontakt der etwas versetzten Fügeteile wirken, sind jedoch häufig klein gegenüber dem Fügekraftmaximum und werden deshalb vom Kraftaufnehmer nicht registriert. Mit Hilfe des akustischen Meßsignals kann diese Fehlerart häufig besser erkannt und frühzeitiger eine entsprechende Reaktion ausgelöst werden.

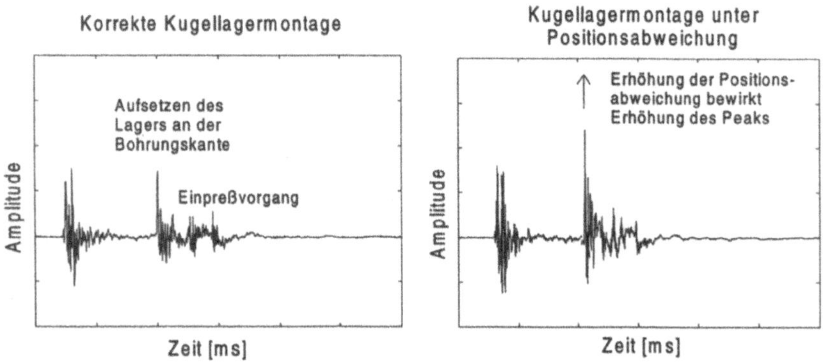

Abb. 6.11: Auswirkung von Positionstoleranzen auf das Schallsignal beim Einpressen

In Abb. 6.11 ist die Auswirkung von Positionstoleranzen im Schallsignal beim Einpressen eines Kugellagers dargestellt. Wird das Lager nicht exakt über der Bohrung zentriert, so daß die Achse der Bohrung und die des Lagers seitlich versetzt oder in einem Winkel zueinander stehen, wird dies durch eine Erhöhung des Peaks beim Ansetzen des Lagers an die Bohrung im Meßdiagramm angezeigt. Während aufgrund der Positionstoleranzen beim Einpressen von Kugellagern die Amplitudenerhöhung des ersten Peaks charakteristisch ist, unterscheiden sich die Meßdiagramme beim Schrauben mit und ohne Positionsversatz über einen längeren Zeitabschnitt grundlegend (Abb. 6.12).

Der Positionsversatz beim Schrauben bewirkt, daß sich das Schrauberbit relativ zur Schlitzschraube bewegt. Übersteigt der Versatz einen bestimmten Wert, rutscht das Schrauberbit von der Schraube ab, oder die Schraube springt beim Ansetzen weg.

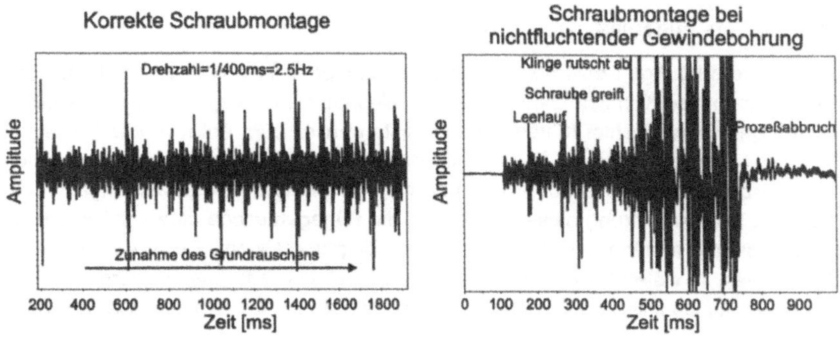

Abb. 6.12: Geräuschverlauf beim Schrauben mit und ohne Positionsversatz

Verändert sich die geometrische Abmessung der Fügeteile, so äußert sich diese Veränderung ebenfalls im Fügegeräusch. Wird dabei die Pressung zwischen den Bauteilen erhöht, erhöht sich im allgemeinen auch der Geräuschpegel. Wird beispielsweise der Lagersitz mit zu großem Durchmesser hergestellt, verringert sich die

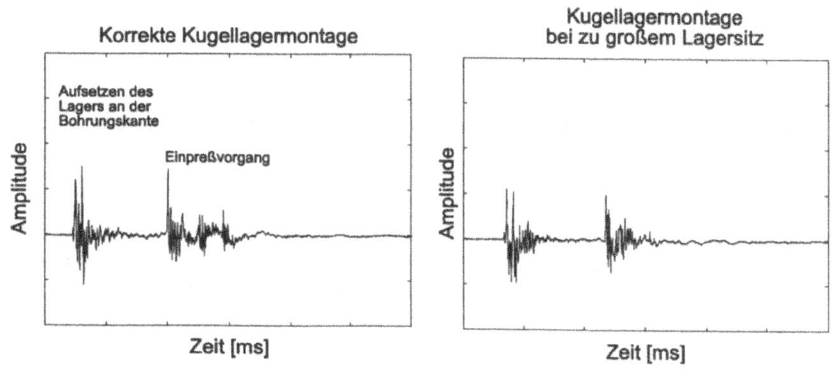

Abb. 6.13: Auswirkungen von Bauteiltoleranzen auf das Fügegeräusch

Kraft, die für das Eindrücken des Lagers erforderlich ist. Durch die geringere Reibung verringern sich auch die Schwingungsamplituden beim Einpressen und der Einpreßvorgang verkürzt sich (Abb. 6.13).

Beschädigte Fügeteile

Eine weitere häufige Fehlerursache sind beschädigte Fügeteile, wie z.B. unvollständig ausgespritzte Kunststoffbauteile oder schlecht bzw. nicht geschnittene Gewindebohrungen. Diese Fehler führen in den meisten Fällen zum Abbruch des Prozesses oder verursachen Schäden. Wichtig ist deshalb, den Fehler schnell zu erkennen, den Prozeß rechtzeitig abzubrechen und damit eventuellen Beschädigungen vorzubeugen. Die Auswirkung dieser Fehler auf die Fügegeräusche sind von der Art der Beschädigung abhängig, und es können nur begrenzt allgemeine Aussagen getroffen werden. In vielen Fällen fehlen einzelne Signalabschnitte oder die Signalenergie einzelner Abschnitte ist stark erhöht oder verringert. In Abb. 6.14 ist das Meßsignal

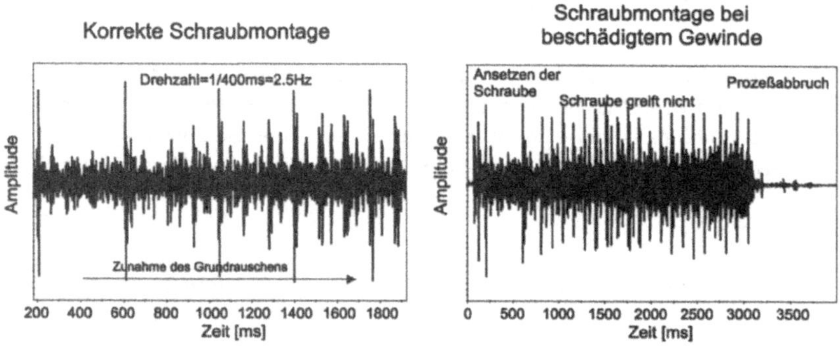

Abb. 6.14: Auswirkung eines beschädigten Gewindes auf das Fügegeräusch beim Schrauben

beim Eindrehen einer Schraube in eine Gewindebohrung, deren erste Gewindegänge beschädigt sind, dargestellt. Hier äußert sich die Beschädigung am Fügepartner nach ca. 1 s. Es ist zu erkennen, daß die Schraube nicht im Gewinde greift und nicht eingedreht werden kann.

Umwelteinflüsse, Verschleiß

Die dritte wichtige Fehlerursache sind die Umwelteinflüsse und Verschleißerscheinungen, die auf den Montageprozeß wirken. Unter Umwelteinflüssen sind Verschmutzungen an Fügeteilen und der Fügeeinrichtung sowie die fehlerhafte Einstellung von Prozeßparametern, z.B. zu geringe Temperatur beim Fügen einer Querpreßverbindung, zu verstehen. Die Umwelteinflüsse können dabei zufällig oder systematisch über einen längeren Zeitraum wirken. In Abb. 6.15 ist das Meßdiagramm

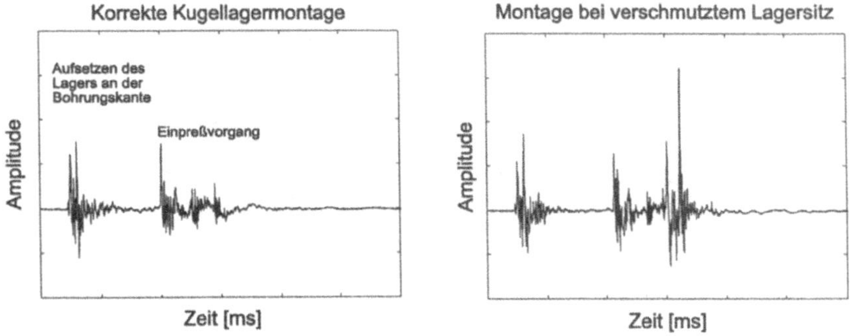

Abb. 6.15: Auswirkung von Verschmutzungen auf das Schallsignal beim Einpressen

für einen zufälligen Fehler gezeigt. Nach der Herstellung des Lagersitzes wurde vergessen, die Späne auszublasen. Beim Einpressen eines Lagers werden die Späne zwischen Lager und dem Absatz des Lagersitzes eingeklemmt. Im Diagramm zeigt sich das Einpressen der Späne durch sehr energiereiche Peaks am Prozeßende.

Einen typischen systematischen Fehler stellt der Verschleiß des Fügewerkzeugs dar. So ist beispielsweise der Matrizenverschleiß beim Stanznieten und dessen Auswirkungen auf das Fügegeräusch in Abb. 6.16 dargestellt. Zu beachten ist dabei, daß der Verschleiß mit Körperschallaufnehmern innerhalb eines Meßbereichs bis 16 kHz noch gemessen werden kann, die charakteristischen Frequenzen jedoch in den Ultraschallbereich hinein reichen. Die Kurvenverläufe unterscheiden sich durch die unterschiedlichen Geräusche, die beim Stauchen des Materials in der Matrize entstehen. Durch die verschlissene Matrize wird der Niet nur gering aufgespreizt und umgeformt. Damit entsteht kein ausreichender Hinterschnitt und damit eine verringerte Verbindungsfestigkeit.

Abschließend kann festgestellt werden, daß Fehler, verursacht durch Toleranzschwankungen, Beschädigungen, Umwelteinflüsse und Verschleiß, bei den translatorischen Fügebewegungen in einer Erhöhung oder Verringerung der Signalenergie in einzelnen Signalabschnitten deutlich werden und durch die entsprechende Signalauswertung erkannt werden können. Bei rotatorischen Bewegungen verändert sich neben der Signalenergie zusätzlich die Frequenzzusammensetzung, so daß bei diesen Prozessen zusätzlich Frequenzanalysen zur Fehlererkennung in Betracht gezogen werden sollten.

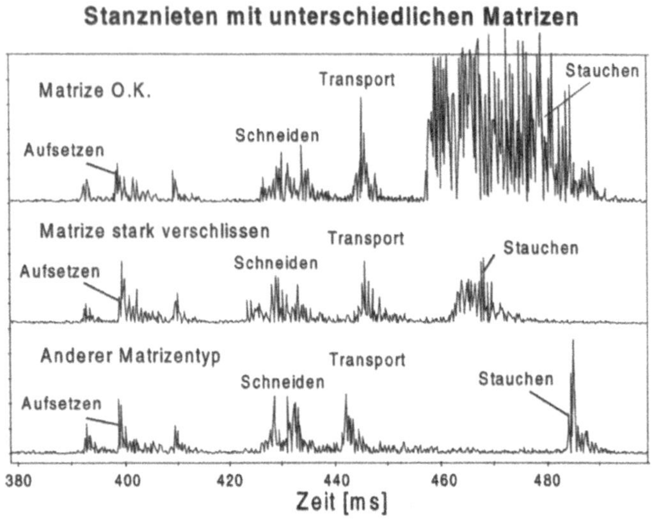

Abb. 6.16: Auswirkung von Matrizenverschleiß auf das Schallsignal beim Stanznieten

6.3.1.2 Überwachung von Handhabungsprozessen

Neben der Überwachung von Fügeprozessen eignet sich die akustische Prozeßüberwachung auch zur Überwachung von Handhabungsprozessen. Handhabungsprozesse in der Montage sind dadurch gekennzeichnet, daß die Bewegungen häufig durch Endanschläge begrenzt werden. Im Schallsignal äußern sich diese Bewegungen durch sehr kurzzeitige Peaks, die zu Beginn der Bewegung durch Druckstöße und am Ende durch das Fahren auf Anschlag verursacht werden. Die durch die Stöße verursachten kurzzeitigen Peaks müssen zur Überwachung der Handhabungsprozesse nicht sehr detailliert analysiert werden. Es muß lediglich die Länge von Signalausschlägen und das Auftreten der Peaks zu bestimmten Zeitpunkten überprüft werden. Aufgrund dieser geringen Anforderungen an die Signalanalyse ist es möglich, den Aufnehmer in größerer Entfernung anzubringen.

Durch die schnelle und gute Übertragung von Körperschall in der Struktur der Fügeeinrichtung bzw. des Montagesystems können Handhabungsprozesse vor allem mit Körperschallaufnehmern überwacht werden. Die Ausbreitung des Schalls in Festkörpern ermöglicht zudem die Überwachung mehrerer hintereinander ablaufender

Handhabungsvorgänge. Dabei muß das Überwachungssystem mit der Steuerung der Montageanlage exakt synchronisiert werden, damit auch in komplexen Anlagen eine Vielzahl an Handhabungsvorgängen überwacht werden kann. Zur Synchronisation werden dem Überwachungssystem die Befehle an die Handhabungssysteme mitgeteilt. Das Überwachungssystem prüft anschließend einige Millisekunden später, ob der Handhabungsvorgang korrekt ausgeführt wurde. In vielen Fällen ist auf diese Weise die Überwachung von Handhabungsvorgängen unmittelbar vor und nach dem Fügeprozeß mit nur einem Sensor möglich.

In Abb. 6.17 ist das Prozeßgeräusch beim Greifen eines Getriebegehäuses im Rahmen einer Pick-and-Place-Operation dargestellt. Beim korrekten Greifen eines Gehäuses entsteht durch den Eingriff der Greiferbacken in die Gehäuseform ein charakteristisches Geräuschmuster (Meßdiagramm 1), das sich vom Geräuschmuster beim nicht korrekten Greifen unterscheidet (Meßdiagramm 2). Der Meßaufnehmer wurde dabei am Roboterflansch befestigt und ermöglicht somit die Überwachung aller Teilprozesse, die vom Roboter ausgeführt werden (Abb. 6.18). Ein fehlerhaftes Greifen kann im Fall des Getriebegehäuses z.B. durch Grate am Gußgehäuse oder

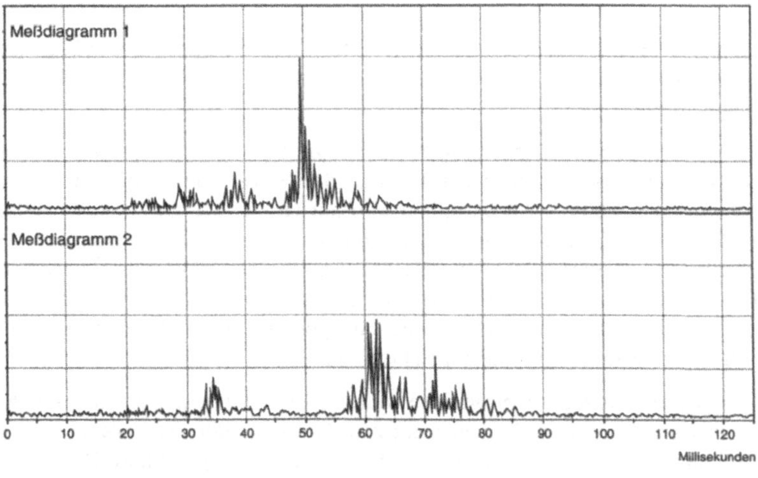

Abb. 6.17: Auswirkung eines korrekten und fehlerhaften Greifvorgangs auf das Prozeßgeräusch

durch fehlerhafte Positionierung des Werkstückträgers hervorgerufen werden und hat zur Folge, daß der nachfolgende Montagevorgang nur fehlerhaft oder gar nicht

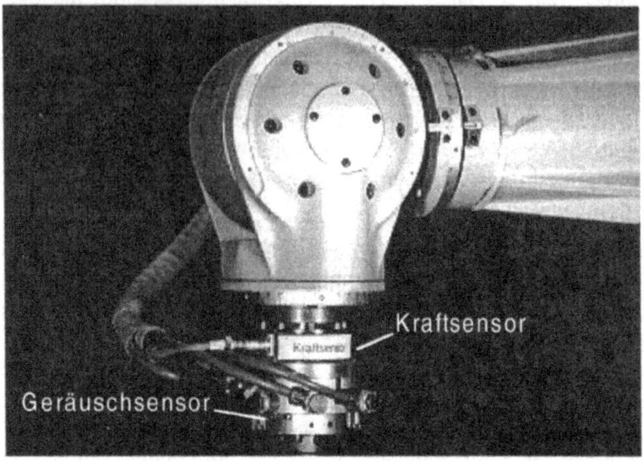

Abb. 6.18: Befestigung des Geräusch- und Kraftsensors am Roboterflansch

ausgeführt werden kann (Abb. 6.19). Ferner können dabei Beschädigungen der Montagekomponenten entstehen, die u.U. zu einem längeren Ausfall der Montageanlage führen.

Das Greifen des Gehäuses stellt dabei nur einen kleinen Teilprozeß der Handhabungsaufgabe dar. Vor dem Greifen muß der Greifer vom Roboter aufgenommen und verriegelt werden. Anschließend wird der Greifer aus der Haltevorrichtung gebracht und die Greiferbacken werden geöffnet. Dann kann das Gehäuse gegriffen und abgehoben werden. Für jede dieser Einzeloperationen ist eine Überwachung mit Hilfe des Geräuschsensors denkbar. Der Sensor übernimmt durch die zentrale Position am Roboterflansch damit ein Aufgabenspektrum, das konventionell nur mit einer Vielzahl von Näherungsschaltern zu lösen wäre.

Vereinzelungsprozesse weisen auch charakteristische Geräuschmuster auf. In vielen Fällen werden die Bauteile senkrecht zum Magazin oder der Teilezuführung abgestreift und anschließend in einer geeigneten Vorrichtung zentriert. Dabei entstehen beim Abstreifen charakteristische Reibgeräusche und das Zentrieren der Bauteile wird durch einen charakteristischen Anschlag abgeschlossen. Durch veränderte Reibgeräusche oder ein Fehlen der Peaks beim Anschlag kann z.B. ein Verhaken oder ein Wegspringen der Bauteile erkannt werden.

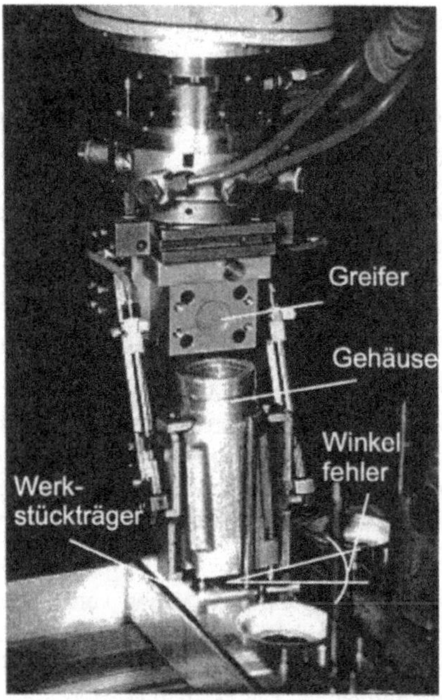

Abb. 6.19: Fehlerhaftes Greifen eines nicht korrekt abgestellten Getriebegehäuses

6.3.2 Vorzugsweise nutzbare Einsatzmöglichkeiten

Während für die bisher vorgestellten Einsatzgebiete der akustischen Prozeßüberwachung bereits alternative Überwachungsverfahren existieren und das Verbesserungspotential im Einzelfall geprüft werden muß, werden im folgenden Abschnitt zwei Einsatzmöglichkeiten beschrieben, für die keine geeigneten Alternativen bekannt sind.

Beiden Einsatzgebieten ist gemeinsam, daß es für bestimmte Fügeprozesse praktisch nicht möglich ist, einen Kraftaufnehmer so in die Fügestation einzubauen, daß die qualitätsrelevanten Kräfte direkt gemessen werden können. Dies ist z.B. bei Fügeverbindungen, die federnd eingespreizt, umgeformt oder verschraubt werden, der Fall. Beim Fügen durch Federnd Einspreizen liegen die für die Überwachung relevanten Kräfte im Normalfall senkrecht zur Fügerichtung, und beim Fügen durch Umformen und Schrauben ist es nicht möglich, Spannungen und Verformungen des

Werkstoffs direkt aufzunehmen. Beide Einsatzgebiete werden in den folgenden beiden Abschnitten beschrieben.

6.3.2.1 Überwachung der Federwirkung beim Fügen durch Federnd Einspreizen

Kraft ist eine vektorielle Größe, zu deren Bestimmung der Betrag und die Kraftrichtung bekannt sein müssen. Für die Messung von Kräften ist ein Aufnehmer in den Kraftfluß zu bringen und evtl. vor Überlast zu schützen. Sollen Fügekräfte gemessen werden, werden die dazu erforderlichen Kraftsensoren entweder direkt am Fügestempel oder indirekt am Gestell der Fügeeinrichtung angebracht.

Beim Federnd Einspreizen sind jedoch in erster Linie Kräfte, die senkrecht zur Fügerichtung wirken und beim Einschnappen auftreten, ausschlaggebend. Die Kräfte können praktisch nicht bestimmt werden. Möglich ist jedoch die Bestimmung der Auswirkung der Kräfte beim Einschnappen. Sie erzeugen sehr häufig Schallsignale, die sich in der Struktur ausbreiten und einfach zur Überprüfung der korrekten Montage nutzen lassen.

Besonders deutlich wird der Vorteil beim Fügen von Sicherungsringen, die durch Einpressen montiert werden. *Birkicht (1991)* hat zu diesem Fügeprozeß umfassende Versuche durchgeführt und die Fügekräfte gemessen. In Abb. 6.20 ist der qualitative Verlauf der Fügekräfte dargestellt. Die Meßkurve ist in 3 Bereiche unterteilt. Im Bereich 1 steigt die Fügekraft bis zur Überwindung der Haftreibung. Im Bereich 2 beginnt die Einpreßbewegung, es findet ein Übergang von Haft- zu Gleitreibung statt. Im Bereich 3 wird der Ring in der Nut eingespreizt. Auffällig ist der im Normalfall

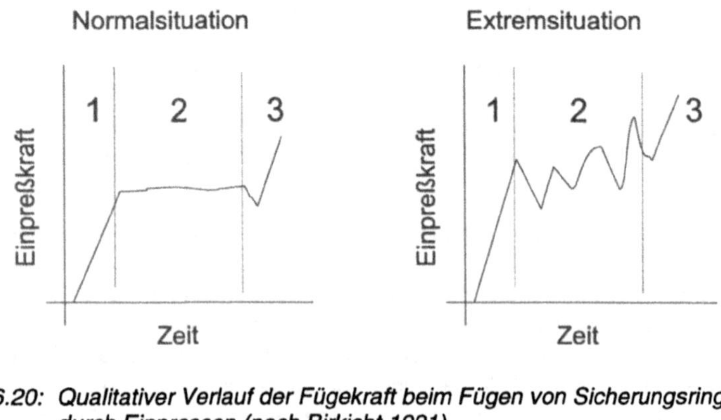

Abb. 6.20: Qualitativer Verlauf der Fügekraft beim Fügen von Sicherungsringen durch Einpressen (nach Birkicht 1991)

ausgeprägte Kraftabfall zu Beginn des Bereichs 3 beim Einspreizen des Rings (linke Meßkurve). Dieses Merkmal wurde durch alle eigenen Versuche bestätigt und deutet auf ein selbsttätiges Ablösen des Rings vom Stößel hin, verursacht durch das Einspringen des Rings in die Nut. Der Kraftabfall stellt damit das Überwachungskriterium für das korrekte Einsetzen des Ringes in der Nut dar. Wie *Birkicht (1991)* und eigene Versuche beweisen, ist der Kraftverlauf auch bei korrekter Montage starken Schwankungen ausgesetzt. Wesentliche Einflußgrößen sind die Oberflächengüte, Oberflächenhärte, Maß- und Formfehler der Bohrung sowie die Orientierung des Rings. Im Extremfall wird ein Kraftverlauf wie in Abb. 6.20 rechts gemessen. Durch diese starken Schwankungen wird die Überwachung des Fügeprozesses mit Hilfe des Kraftverlaufs unsicher oder auch unmöglich.

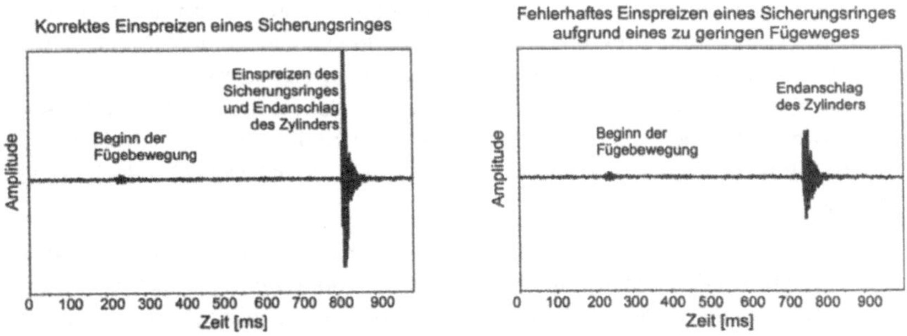

Abb. 6.21: Geräuschverlauf beim korrekten und fehlerhaften Einspreizen eines Sicherungsrings

In diesem Fall ist es einfacher, das korrekte Einspreizen des Rings akustisch zu überwachen, da die Einflüsse, die zu einer veränderten Reibung zwischen Ring und Bauteil führen, auf das akustische Meßsignal keinen oder nur einen geringen Einfluß haben. In Abb. 6.21 ist das Meßdiagramm beim Fügen eines Sicherungsrings durch Einpressen dargestellt. Das Signal, das beim Einspreizen gemessen wird, weist gegenüber den Signalen, die beim Ansetzen und Einführen des Rings (Bereiche 1 und 2 in Abb. 6.20) gemessen werden, einen stark erhöhten Pegel auf, so daß nur das Einspreizen im Meßdiagramm sichtbar wird. Wird der Ring nicht eingespreizt oder verkantet er beim Einspreizen, so verringert sich die Amplitude des Peaks (verkantetes Einspreizen), oder es wird nur noch der Endanschlag des Einpreßzylinders (kein Einspreizen) registriert. Zur Sicherung der Fügequalität genügt es, das Auftreten des Peaks zu überwachen und zu prüfen, ob das Amplitudenmaximum in vorbestimmten Grenzen zu liegen kommt. Dazu können sehr einfache Algorithmen zur Signalauswertung oder kostengünstige Analogschaltungen zum Einsatz kommen.

6.3.2.2 Überwachung von elastischer/plastischer Verformung beim Fügen durch Umformen und beim Schrauben

Auch beim Fügen durch Umformen ergibt sich das Problem, daß der Aufnehmer zur Messung der Kräfte lediglich am Stempel oder an einer noch weiter vom Prozeß entfernten Stelle, z.B. am Werkzeugrahmen, angebracht werden kann. Die Qualität der Verbindung kann mit den damit gewonnenen Meßsignalen nur bedingt beurteilt werden. Für die Festigkeit und damit die Qualität der Verbindung sind in erster Linie die Kräfte innerhalb des Werkstoffs interessant, welche für die Verformung der Verbindung verantwortlich sind. Diese Kräfte können nur indirekt von den Kraftaufnehmern im Stempel und am Werkzeugrahmen aufgenommen werden. Zudem sind diese quasistatischen Kraftverläufe stark von den Reibwerten zwischen den zu verbindenden Teilen abhängig. Geringe Veränderungen der Reibwerte, z.B. durch Auftragen geringer Mengen Schmiermittel, können den Kraftverlauf bei korrektem Fügeprozeß stark verändern und damit die Überwachung erschweren oder unmöglich machen.

Der Grad der Umformung kann jedoch mit Hilfe hochfrequenter akustischer Emissionen ermittelt werden. Beim Stanznieten wird der Niet durch eine Matrize verspreizt und dabei sowohl der Niet als auch das Blech elastisch und plastisch umgeformt. In Abb. 6.22 beginnen die Umformgeräusche in der 70sten Millisekunde und enden in der 110ten. Das Auftreten dieser Umformgeräusche ist ein Indiz für eine hohe Verbindungsfestigkeit. In diesen Fällen lag die Kraft, bei der die Verbindung zerstört wurde, immer über dem erforderlichen Bereich von 400 N. Erklärt werden kann dies

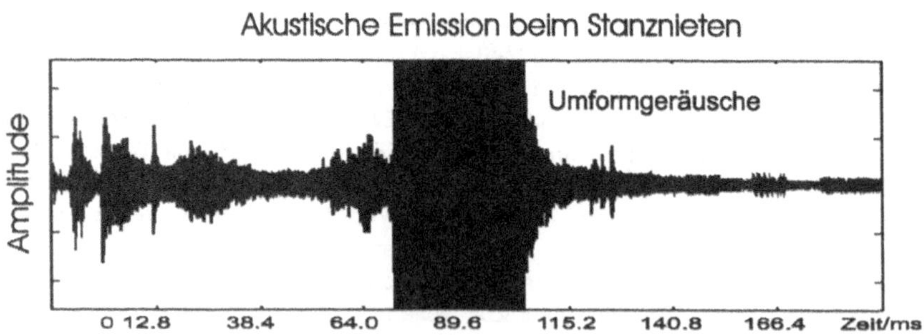

Abb. 6.22: Durch Umformung hervorgerufene Akustische Emissionen beim Stanznieten

dadurch, daß die Emissionen erst ab einem gewissen Umformgrad auftreten und die max. Zugfestigkeit vom Umformgrad des Niets und der Bleche abhängig ist. Auch extrem veränderte Reibbedingungen, bei denen der Niet eingefettet wurde und weitere veränderte Fügeparameter hatten keinen negativen Einfluß auf die Überwachung. Das Auftreten der Umformgeräusche ist damit ein Kriterium, das unabhängig von den Fügeparametern und unabhängig von Geräuschen aus der Umgebung ist, da das Signal im Bereich von 50 kHz bis 1 MHz liegt. Die Emissionen wurden jedoch nur bei ca. 80% der korrekt gefügten Verbindungen gemessen. Im Rahmen der Untersuchungen konnte die Ursache dafür nicht geklärt werden, und es war auch nicht möglich, den Entstehungsort der Emissionen zu bestimmen. Prinzipiell kommen dafür Emissionen durch das Umformen des Niets und der Bleche sowie Emissionen, hervorgerufen durch Reibung an den Oberflächen der Fügepartner und der Matrize, in Frage. Da die 80-prozentige Erkennung für die Praxis nicht ausreicht, 80% der Verbindungen mit Hilfe der AE jedoch eindeutig identifiziert werden können, ist es sinnvoll, die AE und die Fügekräfte gemeinsam zur Überwachung heranzuziehen.

Auch beim Schrauben ist es nicht möglich, die Vorspannkraft und damit das Qualitätsmerkmal direkt zu bestimmen. Da die Schrauben beim Anziehen jedoch elastisch gelängt bzw. bis über die Streckgrenze hinaus in den plastischen Bereich gedehnt werden und bei der Dehnung metallischer Werkstoffe im Normalfall AE auftritt, sollte auch beim Schrauben AE nachgewiesen werden können.

Um dies zu bestätigen, wurden Zugversuche mit Schrauben M4x35 der Festigkeitsklasse 8.8 durchgeführt. Damit sollte nachgewiesen werden, daß die Schrauben unter „idealen Bedingungen" bei Zugbelastung AE aussenden. Die Schrauben wurden in der Zugmaschine in eine Aufnahme eingespannt, an der auch ein AE-Aufnehmer befestigt wurde. Bei allen Versuchen zeigte sich AE im Bereich der Streckgrenze. Die AE wird ab einer Kraft, die ca. 75% der Zugkraft an der Streckgrenze entspricht, sichtbar und verschwindet unmittelbar nach dem Plateau nahe der Streckgrenze in der Dehnungskurve. Die AE liegt in einem Frequenzbereich von ca. 100-300 kHz, wobei einzelne Frequenzbereiche deutlich hervortreten. Diese Versuchsergebnisse wurden auch von *Hänel (1996)* bestätigt, der zeitgleich Zugversuche an Schrauben durchführte.

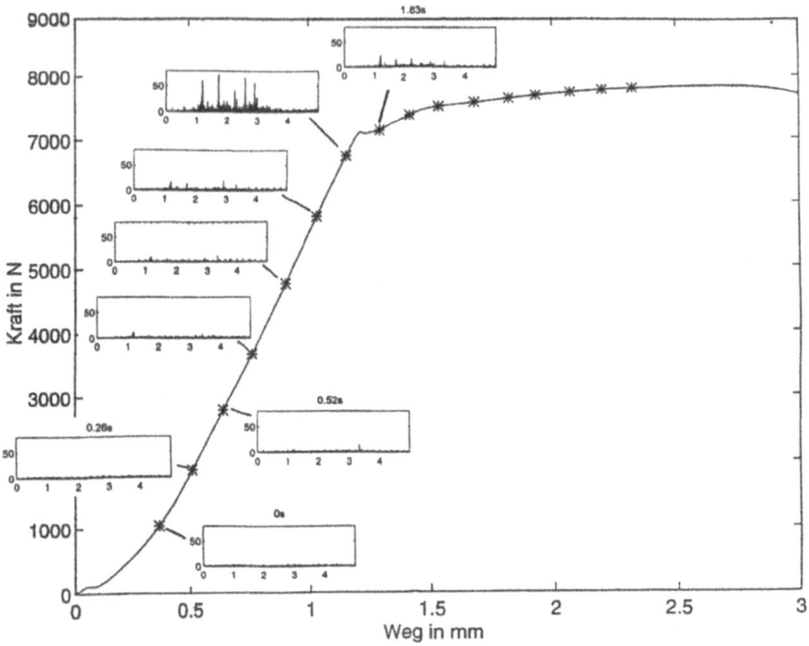

Abb. 6.23: AE einer Schraube im Zugversuch

Für die anschließenden Schraubversuche wurden die Schrauben in einen Stahlklotz eingeführt und mit einer Mutter, die auf der anderen Seite des Klotzes verdrehsicher angebracht war, verschraubt. Der Stahlklotz war ausreichend dimensioniert, so daß eine Verformung und damit AE aus dem Stahlklotz ausgeschlossen werden konnte. Im Rahmen der Versuche wurden die Schrauben bis zum Abriß angezogen. Während des Anziehens wurde das Drehmoment, der Drehwinkel und die AE gemessen. Der AE-Aufnehmer wurde mittels Magnetbügel auf dem Stahlklotz befestigt und in einer Entfernung von 60 mm zur Schraubenbohrung angebracht (Abb. 6.8). Zunächst wurde untersucht, ob sich die Streckgrenze der Schrauben beim Anziehen akustisch bemerkbar macht. Dazu wurden die Meßdiagramme interpretiert (Abb. 6.24). Zu Beginn erfolgt das Eindrehen der Schraube mit sehr geringem Moment. Sobald der Schraubenkopf aufliegt, steigt das Moment deutlich an, bis die Momentenkurve an der Streckgrenze abflacht. Im AE-Signal zeigen sich bei einigen Versuchen deutliche Spitzen unmittelbar vor dem Momentenanstieg. Diese sind auf das Nachrutschen und Aufschlagen der Nuß bei Kopfauflage zurückzuführen, wenn die

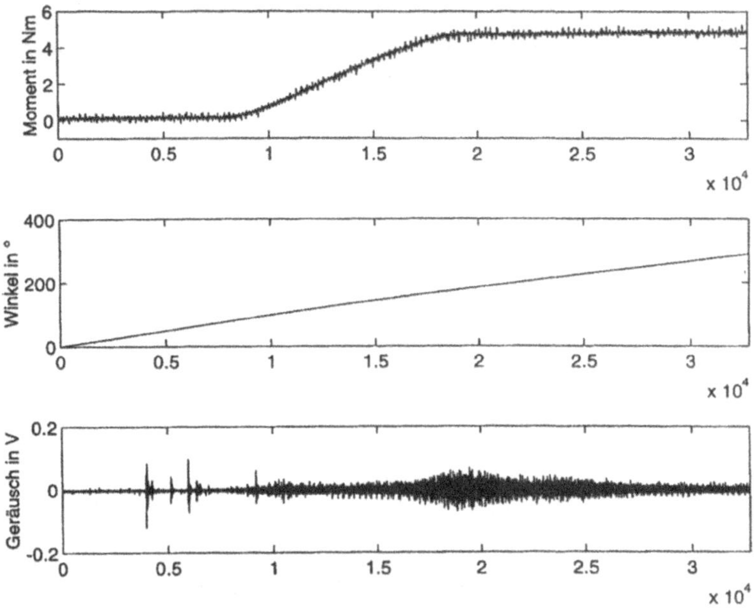

Abb. 6.24: Moment-, Weg- und AE-Signal im Schraubprozeß

Nuß den Schraubenkopf zu Drehbeginn nicht exakt erfaßt hat. Während des Eindrehens sind nur geringe Amplituden im AE-Signal vorhanden, die im Bereich der Streckgrenze ansteigen und im Bereich der plastischen Verformung auf das Niveau der Kopfauflage zurückfallen. Dieses Verhalten läßt sich für alle Versuche bestätigen. Eine Erkennung der Streckgrenze bei Untersuchung der Signalenergie im Bereich 50 bis 500 kHz wird damit möglich.

Einen bedeutend besseren Überblick über den Verlauf des AE-Signals erhält man, wenn man das Signal als Spektrogramm, d.h. die Frequenz über die Zeit aufträgt (Abb. 6.25). In der Spektraldarstellung treten bestimmte Frequenzen deutlich hervor. Es sind Frequenzen unterhalb von 100 kHz sowie um 130 kHz und 300 kHz vorhanden. Bei den Frequenzen unterhalb 100 kHz kann ein Zusammenhang mit dem Schraubprozeß ausgeschlossen werden, da sie auch nach Abschalten des Schraubers vorhanden waren. Um das Diagramm übersichtlicher zu gestalten, wurden sie entfernt. In Bezug auf die Erkennung der Streckgrenze zeigt sich in allen Versuchen, daß speziell Frequenzen um 130 kHz und um 300 kHz im Streckgrenzbereich verstärkt auftreten. Damit erscheint es möglich, daß durch Bandpaßfilterung der Frequenzbereiche und anschließende Auswertung der Signalenergie das Erreichen der Streckgrenze bestimmt werden kann. Durch Auswertung der Signalenergie kann auf hohe Abtastraten verzichtet werden.

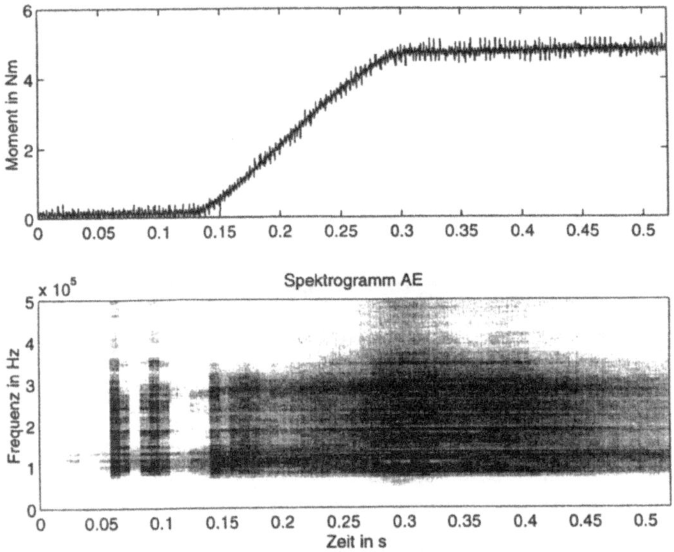

Abb. 6.25: Spektrale Darstellung des AE-Signals

Die Versuche haben gezeigt, daß mit Hilfe der AE die Spannungsverhältnisse im Schraubenwerkstoff im Bereich der Streckgrenze, der den Übergang von der elastischen zur plastischen Dehnung darstellt, ermittelt werden können. Die Ermittlung der Spannungsverhältnisse ist dabei unabhängig von den herrschenden äußeren Reibverhältnissen. Dies ist ein entscheidender Vorteil gegenüber der Messung des Drehmoments. Bei geringer Werkstoffschwankung und der Vermeidung von Torsionsspannungen in der Schraube kann die Vorspannkraft der Schraubverbindung damit sehr genau bestimmt werden.

6.3.2.3 Schlußfolgerung

Vorzugsweise nutzbare Einsatzmöglichkeiten der akustischen Überwachung stellen Prüfungen an kraft- und formschlüssige Fügeverbindungen dar, die federnd eingeschnappt oder die durch Aufbringen innerer Spannungen hergestellt werden. Mit Hilfe des akustischen Signals ist es möglich, sowohl das Einschnappen als auch das Erzeugen von Spannungen direkt zu messen. Die Überwachung kann unabhängig von Reibwertschwankungen durchgeführt werden und stellt damit einen großen Vorteil gegenüber den konventionellen Überwachungsverfahren auf Basis von Kraft- und Wegmessungen dar.

Der Einschnappvorgang äußert sich im akustischen Signal häufig durch einen charakteristischen Peak, der einfach im Zeitbereich ausgewertet werden kann. Als Meßaufnehmer können aufgrund der hohen Signalenergien sowohl Körperschall- als auch Luftschallaufnehmer zum Einsatz kommen.

AE, mit deren Hilfe der Übergang von der elastischen zur plastischen Verformung kenntlich gemacht werden kann, sind energieärmer und können nur mit Körperschallaufnehmern gemessen werden. Zur Auswertung wird nach einer Hochpaßfilterung im Zeitbereich die Signalenergie in bestimmten Signalabschnitten gemessen oder im Frequenzbereich die Energie verschiedener Frequenzen überprüft.

6.3.3 Zusammenfassung

Um Fehler anhand des Geräuschsignals zu detektieren, sind im Signalverlauf Merkmale zu finden, die auf einen Fügefehler hinweisen. Die Merkmale sind jedoch im allgemeinen prozeßspezifisch und unterscheiden sich bei verschiedenartigen Prozessen. Die folgende Strukturierung der verschiedenen Signalverläufe und deren Einteilung in ein Grobraster soll es ermöglichen, einen Bereich im Kurvenverlauf einem bestimmten Prozeßabschnitt zuordnen zu können und durch Anwendung geeigneter Signalverarbeitungsalgorithmen signifikante Merkmale zu erhalten. Die Strukturierung dient dabei als Grundlage, die in der Grundlagenuntersuchung erarbeiteten Ergebnisse auf neue Anwendungsfälle zu übertragen.

In Kapitel 3 wurden Schwingungssignale nach der Art der Schwingungsanregung in transiente, periodische und stochastische Signale eingeteilt. Aufbauend auf diese Einteilung werden die in den Fügeprozessen häufig vorkommenden transienten Geräuschsignale nach Art der Kontaktkräfte zwischen den beiden Fügepartnern weiter untergliedert. Als Gliederungskriterium wird die Wirkungsdauer der Fügekräfte herangezogen, so daß kurzzeitige Stoßvorgänge von Einpreßvorgängen und Umformvorgängen, bei denen über einen längeren Zeitraum Reibungswiderstände überwunden werden müssen, unterschieden werden. Die Reibung, die durch äußere und innere Kräfte verursacht werden kann, äußert sich dabei immer durch stochastische

Anteile im Signal. Sie kann durch translatorische oder rotatorische Fügebewegungen hervorgerufen werden.

Insgesamt können die Signalverläufe in vier Gruppen eingeteilt werden:

- sehr kurze, stoßartige Geräusche, z.B. beim Aufsetzen und Einlegen von Bauteilen
- äußere Reibgeräusche, z.B. Stick-Slip beim Einpressen
- innere Reibgeräusche, z.B. Mikrorisse beim Fügen durch Umformen
- periodische Fügegeräusche, z.B. Unwucht beim Eindrehen von Bauteilen

Die Signalverläufe setzen sich bei Fügeprozessen häufig aus Signalanteilen der einzelnen Gruppen zusammen und treten in verschiedenen Kombinationen auf. Im folgenden werden für die Signalverläufe der vier Gruppen geeignete Analysefunktionen vorgeschlagen.

Stoßartig auftretende Geräusche äußern sich im Kurvenverlauf durch einen hohen kurzzeitigen Amplitudenanstieg und ein schnelles, annähernd exponentielles Abklingen. Die Dauer des Geräusches ist in den meisten Fällen auf wenige Millisekunden beschränkt. Das Signalmerkmal findet häufig zur Überwachung von Füge- und Bauteiltoleranzen, von Handhabungsvorgängen und von Einschnapp- und Einspreizprozessen Verwendung. Das Signal wird normalerweise mit bis zu 20 kHz abgetastet und die Auswertung des Signals findet im Zeitbereich statt. Anwendung finden Signalmittelwerte in vorbestimmten Zeitbereichen, Maximal- und Minimalwerte und die Zeitdauer, die zum Abklingen eines Signals benötigt wird.

Reibgeräusche, hervorgerufen durch äußere Kräfte, äußern sich im Kurvenverlauf durch einen stochastischen Signalanteil. Die gemessenen Amplituden sind dabei im allgemeinen wesentlich niedriger als die Amplituden, die bei Stößen erzeugt werden und sind über den Einpreßzeitraum konstant. Das Signalmerkmal findet zur Überwachung von Einpreß- und Einschraubvorgängen Verwendung. Die Frequenzen sind von den Fügepartnern abhängig und liegen normalerweise innerhalb von 0 bis 10 kHz. Die Signalauswertung findet sowohl im Zeit- als auch im Frequenzbereich statt. Anwendung finden vor allem Mittelwerte über bestimmte Zeitabschnitte.

Reibgeräusche, hervorgerufen durch Kräfte im Werkstoff, äußern sich im Kurvenverlauf auch durch einen stochastischen Signalanteil. Beim Fügen durch Umformen, Einpressen von Metallen und beim Schrauben treten infolge plastischer Verformungsvorgänge in den Metallen AE auf. Die Intensität und der Frequenzbereich der Emissionen hängen dabei von den zu fügenden Werkstoffen ab. Im allgemeinen ist die Intensität geringer als bei den bisher beschriebenen Geräuschen. Die Frequenzbereiche liegen im Ultraschallbereich und erreichen Frequenzen von bis zu einigen MHz. Zur Auswertung finden sowohl der Frequenzbereich als auch der Zeitbereich

Anwendung. Im Zeitbereich haben sich Zählverfahren bewährt. Dabei werden die Anzahl der Ereignisse in einem Zeitfenster gezählt, bei denen das Signal eine vorbestimmte Schwelle überschreitet.

Periodische Fügegeräusche wiederholen sich über einen längeren Zeitraum. Sie treten in erster Linie beim Schrauben auf. Die Frequenzen im Signal sind von der Drehzahl abhängig, mit der die Schraube eingedreht wird. Die Auswertung wird normalerweise im Frequenzbereich von 0 - 20 kHz durchgeführt. Das Signalmerkmal kann auf Bauteiltoleranzen, Beschädigungen und Verschmutzungen hinweisen. Fehler werden durch Frequenzverschiebungen und oder durch das Auftreten zusätzlicher Frequenzen deutlich.

6.4 Probleme bei der Akustischen Überwachung und deren Lösungsmöglichkeiten

Probleme bei der akustischen Überwachung von Fügeprozessen stellen

- die Interpretation der Meßsignale und
- das Auftreten von Störsignalen dar.

6.4.1 Zuordnung des Meßsignals zum Prozeßverlauf

Ein Problem bei der akustischen Fügeprozeßüberwachung ist die Zuordnung der Meßsignale zu den Prozeßschritten. Bei akustischen Prozeßsignalen ist die Zuordnung schwieriger als bei quasistatischen Kraftsignalen. Dies wird u.a. in Abb. 6.6 und Abb. 6.7 beim Stanznieten deutlich. Jeder Handhabungsschritt vor und nach dem Prozeß äußert sich im Signalverlauf und erschwert durch die kurzen Zeitabstände eine Zuordnung der Prozeßteilschritte zu den Ausprägungen im Kurvenverlauf. Ist nur der eigentliche Prozeß ohne die vor- und nachgelagerten Handhabungsprozesse von Interesse, kann der Signalbereich durch parallele Messung der Fügekraft eingegrenzt werden.

Zur Eingrenzung genügt es, den Kraftaufnehmer in großer Entfernung zum Prozeß anzubringen. Sind jedoch auch Teilschritte vor und nach dem eigentlichen Prozeß zu überwachen, kann durch Aufzeichnung der Zustände der digitalen Ausgänge der Prozeßsteuerung jede Aktion den Ausprägungen im akustischen Signal zugeordnet werden.

Damit wird es möglich, das akustische Signal in Signalabschnitte zu unterteilen, die den einzelnen Prozeßablaufschritten zugeordnet werden können. Fehler können im

Normalfall den einzelnen Prozeßabschnitten zugeordnet werden, so daß nur einige wenige Signalabschnitte zur Überwachung herangezogen werden müssen.

6.4.2 Störsignale

Treten die Handhabungsgeräusche und Prozeßgeräusche gleichzeitig auf, so wirkt das Handhabungsgeräusch als Störsignal und muß abgeschwächt, beseitigt oder vom Prozeßsignal getrennt werden.

Die Abschwächung des Störsignals ist durch Dämpfung und Dämmung möglich. Um beispielsweise Störeinflüsse beim Anfahren sowie die „harten Endanschläge“ von Pneumatikaktoren zu verringern, können Aktoren mit Endlagendämpfung verwendet werden. Abb. 6.26 zeigt die Körperschallverläufe eines pneumatischen Standardzylinders und eines Zylinders mit hoher Endlagendämpfung und beweist, daß durch diese Maßnahme Störsignale stark verringert werden können.

Um Störsignale aus der Luft zu verringern, bieten sich bei der Messung von Luftschall dämmende bzw. dämpfende Schallschutzflächen zwischen Störschall- und Nutzschallquelle an. Auch eine günstige Positionierung eines Richtmikrofons in unmittelbarer Nähe zum Prozeß stellt eine einfache und wirkungsvolle Möglichkeit zur Verringerung des Störsignalanteils dar. Kann jedoch nicht vermieden werden, daß der Störschall aus der Luft das Mikrofon erreicht, kann die Wahl eines Körperschallaufnehmers den störenden Einfluß in Grenzen halten, da Luftschall normalerweise keine oder nur sehr geringe störende Auswirkungen auf Körperschallmessungen hat.

Neben den Maßnahmen, die eine Verringerung der Aufnahme von Störsignalen durch die Meßaufnehmer zum Ziel haben, können Maßnahmen, die Nutz- und Stör-

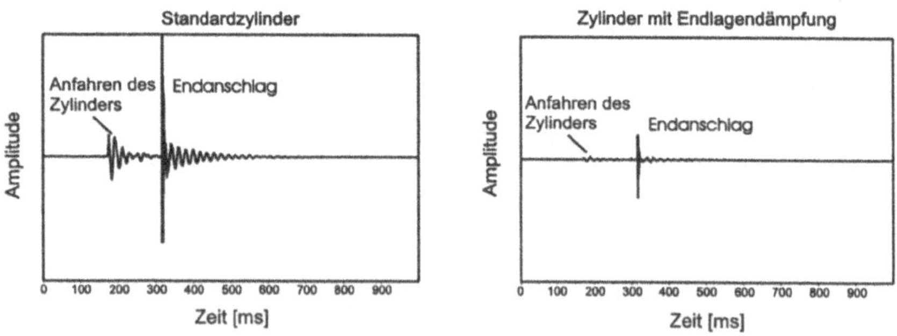

Abb. 6.26: Vergleich der Geräusche eines Standardzylinders mit einem endlagengedämpften Zylinder

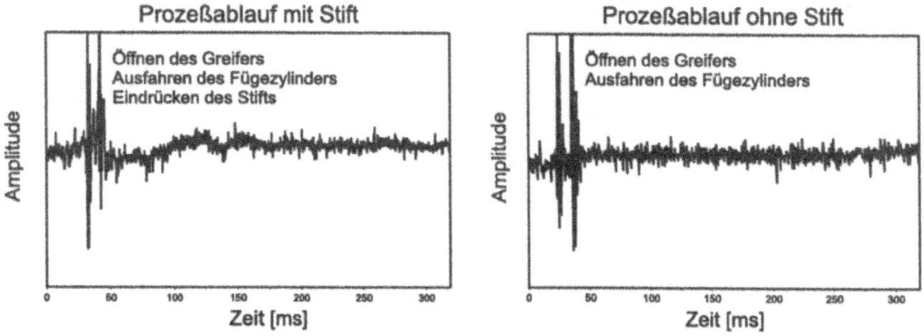

Abb. 6.27: Überlagerung von Stör- und Fügegeräuschen

signal nach oder während der Aufnahme trennen, ebenso zum Erfolg führen. Die Trennung kann dabei meßtechnischer Natur sein oder durch Veränderungen im Montageablauf herbeigeführt werden und wird an folgendem Prozeßbeispiel erläutert.

In Abb. 6.27 ist das Einpressen eines Kunststoffstifts dargestellt. Es fällt auf, daß das Geräuschsignal, das bei korrekt durchgeführtem Prozeß gemessen wird, sich nur unwesentlich vom Prozeß, bei dem kein Stift zugeführt worden ist und die Montage ohne das Einpressen des Stifts abläuft, unterscheidet. Um den Prozeß deutlich hervorzuheben, wird die Trennung zunächst durch eine Veränderung des Montageablaufs durchgeführt.

In Abb. 6.28 sind zwei Fügeprozesse dargestellt, deren Abläufe sich nur gering, deren Geräuschverläufe sich jedoch eindeutig voneinander unterscheiden. Im linken Beispiel öffnen die Backen eines Greifers gleichzeitig mit dem Einpressen eines

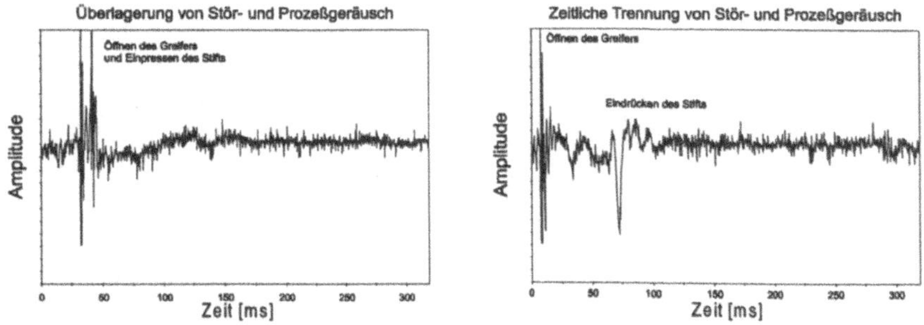

Abb. 6.28: Trennung von Stör- und Prozeßsignal durch Veränderung des Montageablaufs

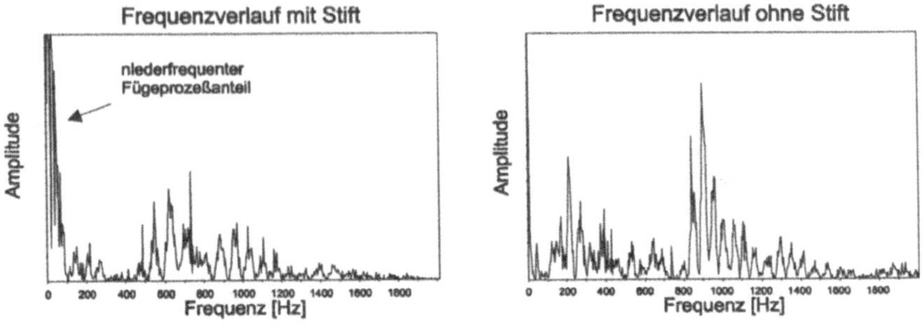

Abb. 6.29: Frequenzspektren zu Abb. 6.27

Kunststoffstifts, d.h. das Öffnen des Greifers und das Fügen des Stifts wird sofort nacheinander ausgeführt. Dabei kommt es zu einer Überlagerung der Geräusche, die beim Öffnen der Backen sowie beim Fügen des Stifts erzeugt werden. Im rechten Fall wurde dagegen nach dem Öffnen des Greifers eine kurze Warteschleife programmiert und die Geräusche damit voneinander getrennt. Die Trennung der Geräusche durch Umprogrammieren der Steuerung ist in vielen Fällen möglich und verlängert die Taktzeit, z.B. durch Warteschleifen von einigen Millisekunden, unwesentlich.

Eine alternative Möglichkeit zum Umprogrammieren stellt die meßtechnische Filterung der Störsignale dar. Voraussetzung für die Trennung von Prozeß- und Störsignal ist, daß die charakteristischen Prozeßsignale außerhalb des Frequenzbereichs der Störsignale liegen. Um zu zeigen, inwieweit die Signalfilterung geeignet ist, störende Signalanteile zu unterdrücken, wurden die beiden Prozesse aus Abb. 6.27 in den Frequenzbereich transformiert. Vergleicht man die Frequenzverläufe in

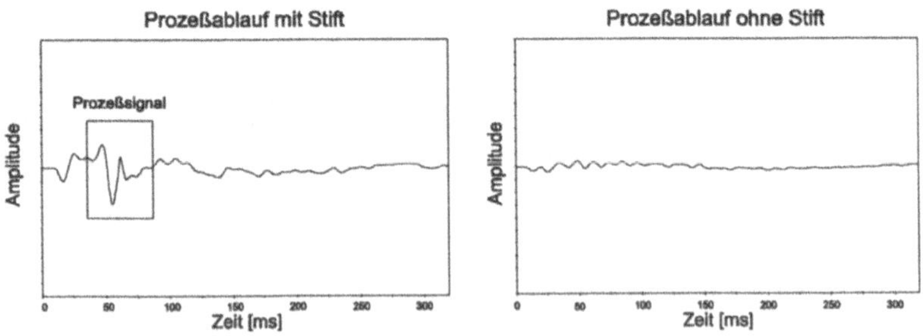

Abb. 6.30: Bandpaßgefilterte Prozeßsignale aus Abb. 6.27

Abb. 6.29, so fällt auf, daß sich die Spektren im niederfrequenten Bereich bis 100 Hz deutlich unterscheiden. Wird ein Stift eingedrückt, werden sehr niederfrequente Schwingungen gemessen. Fährt der Fügezylinder aus, ohne den Stift einzudrücken, entfallen die niederfrequenten Signalanteile. Die Frequenzanteile im höherfrequenten Bereich differieren und haben keine Aussagekraft. Zur Trennung von Prozeß- und Störsignal wurden die Zeitverläufe mit einem Bandpaßfilter, mit Grenzfrequenzen zwischen 100 und 150 Hz, bewertet. Das bewertete Signal ist in Abb. 6.30 dargestellt. Durch die Bandpaßfilterung fallen neben den Störgeräuschen der Pneumatikaktoren auch die Störgeräusche, die sich vor der Filterung durch ein Grundrauschen bemerkbar machten, weg.

6.5 Zusammenfassung

Die experimentelle Untersuchung hat gezeigt, daß durch die akustische Überwachung eine Vielzahl von Fügeprozessen überwacht werden kann und daß damit die Möglichkeiten zur Prozeßlenkung erweitert werden. Die wesentlichen Vorteile der akustischen Prozeßüberwachung sind:

- Die Erfolgswahrscheinlichkeit der akustischen Prozeßüberwachung kann in vielen Fällen vorab abgeschätzt werden.
- Mit einem Sensor kann eine Vielzahl von Operationen überwacht werden.
- Das akustische Signal hat einen für die Qualität der Verbindung hohen Informationsgehalt.
- Die Meßaufnehmer können einfach nachträglich angebracht werden.

Können Mitarbeiter aufgrund des Fügegeräusches intuitiv auf die korrekte Ausführung des Fügeprozesses und damit die Qualität der Verbindung schließen, ist sichergestellt, daß in dem Fügegeräusch die für die Qualitätsüberwachung erforderliche Information enthalten ist. Damit ist auch prinzipiell eine Einsatzmöglichkeit für die automatische Durchführung einer akustischen Fügeprozeßüberwachung gegeben. Die Möglichkeit, die Erfolgsaussichten der Fügeprozeßüberwachung vorab abzuschätzen, ist bei der Überwachung mit Hilfe der Fügekräfte nicht gegeben. Die Fügebewegungen werden häufig aufgrund der hohen Kräfte von Betriebsmitteln aufgebracht. Zur Überprüfung, ob prinzipiell eine Überwachung mit Hilfe von Fügekräften möglich ist, müssen auch schon Vorversuche durchgeführt werden.

Das akustische Signal eignet sich jedoch nicht nur zur Sicherung der Verbindungsqualität, sondern kann auch zur Störungserkennung des Montagesystems eingesetzt werden. Durch die Tatsache, daß mit einem akustischen Sensor mehrere Handhabungsprozesse überwacht werden können, kann das Verfahren auch für eine wirkungsvolle Störungserkennung und zur Unterstützung bei der Störungsbeseitigung zum Einsatz kommen.

Als besonders geeignet erwies sich das akustische Signal zur Überwachung von Fügeprozessen, bei denen die Verbindungselemente federnd eingespreizt oder verformt werden. Im ersten Fall können in dem Fügegeräusch Merkmale gefunden werden, welche das Zustandekommen des Einschnappens „direkt“ überprüfen. Alternative Verfahren, die Kraftverläufe oder Fügewege auswerten, messen „indirekter“ und sind deshalb auch fehleranfälliger. Vor allem beim Federnd Einspreizen sind eine Vielzahl von Fügeprozessen denkbar, bei denen die Überwachung mit Hilfe des akustischen Signals durchgeführt werden könnte. Zu nennen sind alle Arten von Steckverbindungen in der Elektroindustrie und die Vielzahl von Klipsverbindungen im Automobilbau. Aber auch für Prozesse, bei denen Werkstoffe plastisch verformt werden, erweisen sich akustische Emissionen als geeignetes Mittel, die Veränderungen im Werkstoff zu messen und Abweichungen im Prozeßverlauf zu erkennen. Damit ergibt sich eine interessante Möglichkeit, Spannungen „direkt“ in Werkstoffen bei der Herstellung einer Verbindung zu messen.

7 Methodische Vorgehensweise zur Integration der akustischen Überwachung

7.1 Zielsetzung

Um Prozesse mit einem Fehleranteil von bis zu 1 ppm sinnvoll überwachen zu können, ist, im Vergleich zu Prozessen mit größeren Fehleranteilen, ein erhöhter Anfangsaufwand bei der Integration von Überwachungseinrichtungen erforderlich und eine systematische und zielgerichtete Vorgehensweise nötig. Dies gilt für diese Art von Prozessen und ist unabhängig von der physikalischen Größe, die zur Überwachung herangezogen wird. Eine systematische und zielgerichtete Vorgehensweise ermöglicht mit geringem Zeitaufwand eine optimale Überwachung und dokumentiert die einzelnen Ablaufschritte.

Wichtige Ziele der Methode sind:

- Frühzeitige Beurteilung, ob eine Überwachung mit Hilfe der ausgewählten Prozeßsignale sinnvoll ist;
- Systematische Ermittlung signifikanter Signalmerkmale und die Berücksichtigung der Merkmalsschwankungen;
- Systematische Ermittlung einer möglichst geringen Anzahl qualitätsrelevanter Merkmale;
- Möglichkeit der Einbeziehung weiterer Prozeßsignale, um die Fehlererkennungsmöglichkeiten zu erhöhen;

Einen wichtigen Punkt beim Einrichten einer Prozeßüberwachung stellt die Ermittlung geeigneter Merkmale dar, die auch bei schwankenden Prozeßparametern eine sichere Qualitätsbeurteilung zulassen. Es kann beispielsweise vorkommen, daß die auf den Fügeteilen aufgebrachte Menge Schmiermittel von Fügeprozeß zu Fügeprozeß oder über einen längeren Zeitraum starken Schwankungen unterworfen ist. Diese Schwankungen haben im Normalfall keinen Einfluß auf die Qualität der Verbindung, können jedoch das Geräuschsignal und damit die Prozeßüberwachung beeinflussen. In einem ungünstigen Fall meldet das Überwachungssystem einen Fehler, obwohl die Verbindung korrekt hergestellt wurde, oder eine fehlerhafte Verbindung kann das Überwachungssystem unbemerkt passieren, was wiederum schwerwiegende Konsequenzen nach sich ziehen kann. Um dies zu vermeiden, muß sich das Überwachungssystem robust gegenüber möglichen Prozeßparameterschwankungen verhalten und evtl. auf die Veränderung des Prozeßparameters hinweisen. Denn nur wenn das Prozeßüberwachungssystem zuverlässig arbeitet, wird es vom Personal akzeptiert und sinnvoll eingesetzt *(Brauer u.a. 1994)*. Zur Überwachung sollten dabei nur eine geringe Anzahl von Merkmalen verwendet werden. Damit sind hohe Verarbeitungsgeschwindigkeiten möglich, die Klassifikation bleibt überschaubar und ist einfach nachzuvollziehen, und es können bei Bedarf vor Ort Korrekturen vorgenommen werden.

7.2 Voraussetzungen zur Anwendung der Methode

Für die Anwendung der Methode müssen technische und organisatorische Randbedingungen erfüllt werden. Es muß sichergestellt sein, daß

- eine ausreichende Anzahl von Geräuschverläufen fehlerhafter und fehlerfreier Fügeprozesse vorliegt und
- Geräuschverläufe, die bei schwankenden Prozeßparametern auftreten, berücksichtigt werden.

Die Gewinnung von fehlerhaften Geräuschverläufen ist problematisch, da die Fehler häufig stochastisch mit einem sehr geringen prozentualen Anteil auftreten. Die Gewinnung ist jedoch erforderlich, da der Ansatz, die Signalverläufe der fehlerfreien Prozesse, die problemlos aufgenommen werden können, mit Toleranzbändern zu definieren, für die Lenkung der Qualität häufig nicht zum gewünschten Erfolg führt. Die Toleranzbänder werden aufgrund der Signalschwankungen so breit dimensioniert, daß auch die Signalverläufe fehlerhafter Prozesse darin zu liegen kommen und damit Fehler nicht oder nur eingeschränkt erkannt werden können. Deshalb ist es zielführender, die Toleranzbänder auf Basis der fehlerhaften Signalverläufe festzusetzen. In diesem Fall werden evtl. einige fehlerfreie Signalverläufe falsch klassifiziert, was jedoch unkritischer ist, da die geringe Anzahl an aussortierten Verbindungen nachgeprüft werden kann.

Um fehlerhafte Signalverläufe zu bekommen, ist es erforderlich, die Prozesse bewußt fehlerhaft ablaufen zu lassen oder auf das zufällige Auftreten der Fehler zu warten. Ist das nicht möglich, ist die vollständige Signalklassifikation dann erst bei Anlauf der Produktion durchführbar. Für den Zeitraum der Einstellung ist sicherzustellen, daß Fügefehler mit alternativen Prüfverfahren erkannt werden.

7.3 Methode zur Integration der Fügeprozeßüberwachung

Die in den folgenden Abschnitten vorgestellte Methode für die Integration von akustischen Überwachungssystemen leitet sich aus dem allgemeinen Vorgehen einer statistischen Versuchsplanung ab (Abb. 7.1). Sie ermöglicht daher prinzipiell die syste-

Dokumentation der Ausgangssituation

- Beschreibung von Produkt und Prozeß
- Beschreibung des Qualitätsmerkmals, der Prüfsituation und möglicher Fügefehler
- Beschreibung der Fügestation

Planung

- Zusammenstellung wesentlicher Einflußparameter auf die Prozeßüberwachung
- Zusammenstellung/Auswahl der Prozeßsensorik Bestimmung der Meßorte
- Auswahl der Prüfeinrichtung zur direkten Bestimmung des Qualitätsmerkmals während der Integrationsphase
- Erstellung des Versuchsplans

Durchführung

- Systematische Durchführung von Prozessen bei optimaler und extremer Einflußparametereinstellung
- Ermittlung der akustischen Signalverläufe
- Ermittlung der Prozeßparameter
- Ermittlung des Qualitätsmerkmals

Analyse

- Interpretation der akustischen Signalverläufe
- Empirische Bestimmung von Merkmalen
- Auswertung des Versuchsplans
- Auswahl robuster Merkmale
- Merkmalsklassifikation

Abb. 7.1: Ablauf bei der Integration der Fügeprozeß-überwachung

matische Integration von Überwachungssystemen, unabhängig von der zu messenden physikalischen Größe.

Mit der Methode wird neben der Reduzierung der Einstellzeiten die Signalklassifikation statistisch abgesichert. Der Grundgedanke der Methode ist die Ermittlung robuster Merkmale, die auch bei den in der Praxis unvermeidbaren Prozeßparameterschwankungen Qualitätsmängel zuverlässig anzeigen. Deshalb werden im Rahmen der Einstellphase die Prozeßparameter gezielt variiert und die jeweiligen Klassifikationsergebnisse festgehalten. Die Einstellarbeit muß sehr gewissenhaft durchgeführt werden, da mit diesem Schritt die Leistungsfähigkeit der Überwachungseinrichtung wesentlich beeinflußt wird. Die methodische Vorgehensweise erfolgt in 4 Stufen und wird in den folgenden Abschnitten beschrieben.

7.3.1 Dokumentation der Ausgangssituation

Am Anfang der Integration des Überwachungssystems in den Fügeprozeß steht die Dokumentation der Ausgangssituation. Im einzelnen werden dabei das Produkt und der Prozeß mit dem Betriebsmittel beschrieben. Daneben werden der auftretende Fügefehler und die dafür vorhandenen Prüfverfahren beschrieben. Bei den Prüfverfahren werden bestehende Mängel dargestellt und eine Begründung für den Einsatz der akustischen Fügeprozeßüberwachung angeführt. Die Dokumentation beinhaltet nicht nur die Beschreibung der Ausgangssituation, sie wird auch in den weiteren Phasen mitgeführt. Damit soll die Integration des Überwachungssystems zu einem späteren Zeitpunkt nachvollziehbar bleiben, Veränderungen am Überwachungssystem sollen einfach durchgeführt werden, und bei Integration der Überwachung in einen weiteren Prozeß soll die Dokumentation als Grundlage herangezogen werden können.

7.3.2 Planung der Integration der Prozeßüberwachung

Ein wichtiger Punkt bei der Planung der Integration ist die Zusammenstellung der Prozeßparameter, die einen Einfluß auf die Prozeßüberwachung haben können. Für kraft- und formschlüssige Fügeprozesse sind

- Teilegeometrien
- Teileoberflächen
- Schmiermittelauftrag
- Temperatur der Bauteile

wichtige Prozeßparameter.

Wird beispielsweise die aufgetragene Schmiermittelmenge auf die Fügeteile verringert, so führt dies häufig auch bei korrekter Montage zu einem Anstieg der Fügekräfte und einer Verstärkung der Schallsignale durch die Erhöhung der Reibung. Die Schmiermittelmenge beeinflußt demnach das Prozeßsignal und damit auch bestimmte Merkmale, die aus dem Prozeßsignal ermittelt werden. Durch die in Stufe vier durchzuführende Berechnung der Beeinflussung eines Merkmals durch einen Prozeßparameter wird es möglich, Merkmale gezielt auszuwählen.

Nach der Festlegung der wesentlichen Einflußparameter wird die Auswahl der akustischen Sensorik durchgeführt, und es werden die Meßorte bestimmt. Dazu sind die in Kapitel 4 und 5 gewonnenen Erkenntnisse heranzuziehen. Zunächst können mehrere Sensoren an unterschiedlichen Orten angebracht werden, da dadurch nur ein sehr geringer Mehraufwand entsteht. Die endgültige Festlegung auf einen Sensor erfolgt dann nach Auswertung der Versuche im Rahmen der Analysephase. Sollen Prozeßparameter meßtechnisch erfaßt werden, sind auch hier Aufnehmer und Meßorte zu bestimmen. Die Erfassung wird notwendig, wenn Parameterschwankungen gemessen werden sollen.

Um den Einstellvorgang sorgsam durchführen zu können, ist es erforderlich, daß in dieser Phase der Qualitätsmangel bzw. der Prozeßfehler sicher erkannt werden. Die Ermittlung kann entweder manuell durchgeführt werden, oder es ist eine entsprechende Prüfeinrichtung vorzusehen.

Abschließend wird auf Basis der ausgewählten Prozeßparameter der Versuchsplan erstellt. Im Versuchsplan werden die zu variierenden Prozeßparameter den fehlerfreien und fehlerhaften Fügeprozessen zugeordnet. In Abb. 7.2 ist ein Versuchsplan mit einem Einflußparameter abgebildet. Die ersten beiden Spalten entsprechen der Einstellung der Prozeßparameter A und B. In der dritten Spalte werden all die unbekannten Einflüsse zusammengefaßt, die für die Qualitäts- bzw. Fügefehler verantwortlich sind. Der Versuchsplan ist so aufgebaut, daß alle möglichen Kombinationsmöglichkeiten aufgeführt sind. Ein Prozeßparameter wird jeweils in zwei Stufen variiert. Die Stufe +1 bedeutet die Einstellung des korrekten, während -1 die des abweichenden Prozeßparameterwerts angibt. In der Spalte F steht +1 für einen fehlerfreien und -1 für einen fehlerhaften Prozeßablauf. Die Erstellung des Versuchsplans

Versuchs-nummer i	Pp A	Pp B	Ff F
1	-1	-1	-1
2	+1	-1	-1
3	-1	+1	-1
4	+1	+1	-1
5	-1	-1	+1
6	+1	-1	+1
7	-1	+1	+1
8	+1	+1	+1

Pp: Prozeßparameter
Ff: Fügefehler

Abb. 7.2: Versuchsplan

erfolgt nach einer Systematik. Das Vorzeichen in der ersten Spalte wechselt jede Zeile, das Vorzeichen in der zweiten Spalte jede zweite Zeile. Bei mehr als einem Prozeßparameter wechselt das Vorzeichen in der dritten Spalte jede vierte Zeile und das Vorzeichen in der vierten Spalte wechselt jede achte Zeile.

Die Anzahl von Zeilen bzw. Versuchen errechnet sich zu

$$n = 2^k,$$

wobei n die Anzahl der Versuche und k die Anzahl der ausgewählten Prozeßparameter ist. Pläne mit mehr als 4 Einflußparametern werden unübersichtlich und die Berechnung aufwendig. Die Beschränkung auf drei Einflußparameter stellt für die Praxis jedoch häufig keine Einschränkung dar.

7.3.3 Durchführung der Versuche

In Stufe zwei werden die Versuche durchgeführt und die akustischen Signalverläufe, die Prozeßparameter sowie das Qualitätsmerkmal ermittelt. Um die Versuchsdauer zu verkürzen, sollte der Fügefehler, der durch die Überwachung erkannt werden soll, simuliert werden. Wird der Fügefehler beispielsweise durch beschädigte Fügeteile verursacht, so sind diese Teile zu sammeln und gezielt im Rahmen der Einstellversuche zu verbauen. Die Prozesse werden zunächst bei optimaler Einstellung (+1) der Prozeßparameter durchgeführt und die Signalverläufe gesichert. Um den Einfluß schwankender Prozeßparameter bei der Merkmalsfindung zu berücksichtigen, werden Versuche durchgeführt, bei denen die Prozeßparameter von der optimalen Einstellung abweichen (-1). Die Beschränkung auf zwei Stufen ist für die Praxis ausreichend, da die Prozeßparameter im Normalfall nur in eine Richtung abweichen. Die Abweichung muß dabei im Rahmen der Versuchsdurchführung gezielt eingestellt werden können.

Als Grundlage für die Durchführung der Versuche dient der aufgestellte Versuchsplan. Die Versuche sollten in willkürlicher Reihenfolge durchgeführt werden, um systematische Fehlereinflüsse bei der Untersuchung auszuschließen. Die Versuche mit identischer Einstellung sind insgesamt mehrmals zu wiederholen, um eine statistische Absicherung zu erhalten.

7.3.4 Analyse der Meßergebnisse

Nach Durchführung der Versuche beginnt die Analyse der Meßergebnisse. Zu Beginn werden dazu die Signalverläufe interpretiert und dokumentiert, wie dies in Kapitel 6 ausgeführt wurde. Durch die Beschränkung der Überwachung auf die Erkennung von einem Fehler, wird das zu untersuchende Signal auf die entsprechenden

Signalabschnitte reduziert. Sollen beispielsweise Positionsverschiebungen zwischen den Fügeteilen erkannt werden, ist das akustische Signal, das beim ersten Kontakt der Fügepartner auftritt, von Bedeutung, d.h. es wird der Signalabschnitt zu Beginn des Fügeprozesses näher betrachtet. Mit Hilfe der grafisch aufgetragenen Signalverläufe von fehlerfreien und fehlerhaften Fügeprozessen werden empirische Merkmale festgelegt. Dabei kommen die in Kapitel 3 beschriebenen Analysefunktionen zum Einsatz.

Zunächst wird für die festgelegten Merkmale die Verteilung bei fehlerfreien und fehlerhaften Prozessen bei optimaler Einstellung der Prozeßparameter festgelegt. Merkmale, deren Verteilungen sich nicht oder nur minimal überschneiden, werden weiter verwendet, Merkmale, deren Verteilungen sich stark überschneiden, werden verworfen. Damit ist sichergestellt, daß die Erkennung des Fügefehlers bei gleichbleibend optimalen Parametereinstellungen möglich ist. Können Merkmale dieser Art nicht gefunden werden, sind die Meßorte der Aufnehmer zu verändern. Werden damit auch keine Verbesserungen erzielt, muß man auf eine andere physikalische Meßgröße ausweichen oder auf eine prozeßbegleitende Überwachung verzichten.

Um den Einfluß von Prozeßparameterschwankungen und den wechselseitigen Einfluß zweier oder mehrerer Prozeßparameter auf die Merkmale zu ermitteln, wird ein Auswerteplan erstellt. Unter einem wechselseitigen Einfluß versteht man, daß der Einfluß z.B. einer geringen Fügetemperatur auf das Merkmal durch eine Verringerung der aufgebrachten Schmiermittelmenge verstärkt wird. Der Einfluß gibt demzufolge die mittlere Änderung des Merkmals bei Veränderung eines oder mehrerer Prozeßparameter an. Zur Erstellung des Auswerteplans werden die Spalten der Prozeßparameter direkt aus dem Versuchsplan übernommen. Die Spalten der wechselseitigen Einflüsse werden durch Vorzeichenmultiplikation ermittelt. In die letzte Spalte wird der zu ermittelnde Merkmalswert eingetragen.

Zur Berechnung des Einflusses eines Prozeßparameters werden die Versuchsergebnisse bei Einstellung +1 mit der Einstellung -1 verglichen. Zur Berechnung des Einflusses mehrerer Prozeßparameter werden die Ergebnisse bei gleicher Einstellung der Prozeßparameter mit denen bei unterschiedlicher Einstellung verglichen.

In Abb. 7.3 wird zur Bestimmung des Einflusses des Fügefehlers das gemittelte Merkmal der Versuche 1 und 2 von dem gemittelten Merkmal der Versuche 3 und 4 subtrahiert. Zur Bestimmung des wechselseitigen Einflusses des Fügefehlers und des Prozeßparameters A wird das gemittelte Merkmal von 2 und 3 von dem gemittelten Merkmal aus 1 und 4 subtrahiert. Es wird deutlich, daß stets alle Ergebnisse zur Berechnung eines Einflusses benutzt werden.

Versuchsplan

Versuchs-nummer I	Pp A	Ff F
1	- 1	- 1
2	+1	- 1
3	- 1	+1
4	+1	+1

Auswertungsplan

Einfluß A	Einfluß F	wechsels. Einfluß AF	Merkmal M_I
- 1	- 1	+1	3
+1	- 1	- 1	2
- 1	+1	- 1	5
+1	+1	+1	6

Vorzeichenübernahme

Vorzeichenmultiplikation

Berechnung der Einflüsse

$$E_A = \frac{(M_2 + M_4)}{Anz(+)} - \frac{(M_1 + M_3)}{Anz(-)} = 0$$

$$E_F = \frac{(M_3 + M_4)}{Anz(+)} - \frac{(M_1 + M_2)}{Anz(-)} = 3$$

$$E_{AF} = \frac{(M_1 + M_4)}{Anz(+)} - \frac{(M_2 + M_3)}{Anz(-)} = 1$$

Grafische Darstellung der Einflüsse

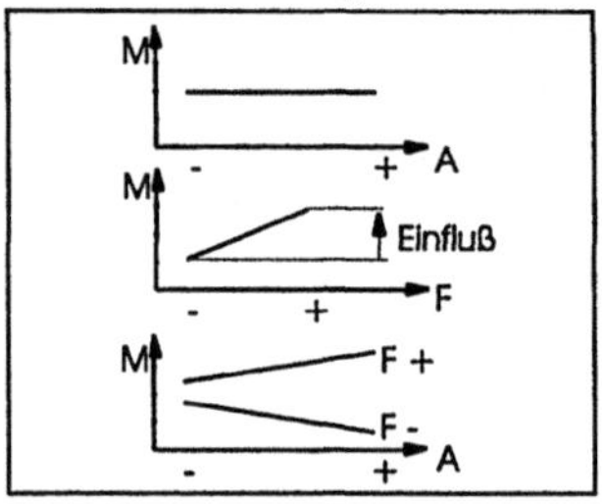

Abb. 7.3: Planung und Auswertung des Versuchs (nach Reinhart u.a. 1996)

Aus dem Beispiel in Abb. 7.3 ergibt sich:

- der Prozeßparameter hat keinen Einfluß auf das Merkmal;
- der Fügefehler beeinflußt das Merkmal entscheidend;
- es existiert ein leichter wechselseitiger Einfluß zwischen dem Fügefehler und dem Prozeßparameter

Die grafische Darstellung in Abb. 7.3 verdeutlicht den Einfluß. Das Merkmal ist für die Überwachung des Prozesses geeignet.

Um den relativen Einfluß mehrerer Parameter auf ein Merkmal zu bestimmen, werden der berechnete Einfluß und die Summe aller Einflüsse in Beziehung gesetzt. Dieser Wert gibt an, inwieweit ein Merkmal prozentual von einem Prozeßparameter beeinflußt wird. Um den stärksten Einfluß auf ein Merkmal herauszufinden, bzw. die Einflüsse vergleichen zu können, werden die Werte in Diagrammen aufgetragen (Abb. 7.4, Abb. 7.5). In Abb. 7.4 ist der Einfluß verschiedener Einflußgrößen auf ein Merkmal dargestellt. Dazu ist auf der Querachse des Diagramms die Einflußart und auf der Hochachse der prozentuale Anteil angetragen.

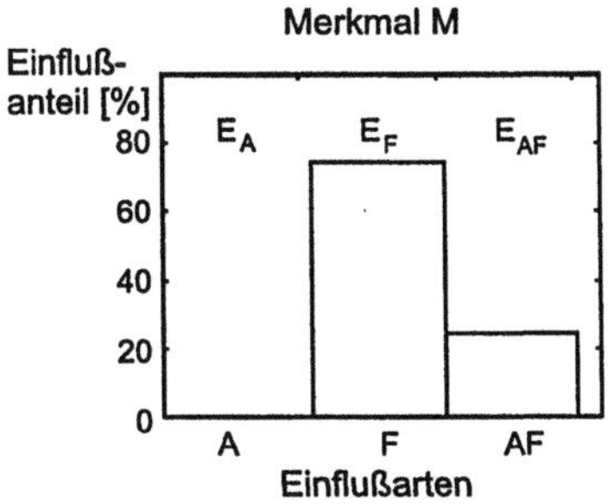

Abb. 7.4: Grafische Darstellung der Parametereinflüsse auf ein Merkmal

Eine zweites hilfreiches Diagramm ist in Abb. 7.5 dargestellt. Darin ist der relative Einfluß einer Prozeßeinflußgröße auf unterschiedliche Merkmale aufgetragen.

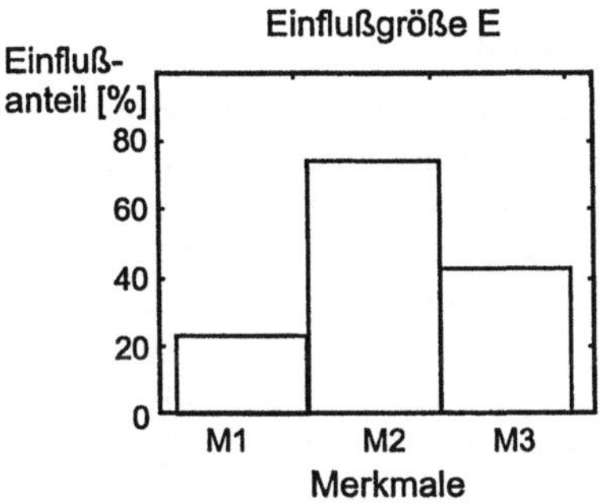

Abb. 7.5: Grafische Darstellung einer Einflußgröße auf unterschiedliche Merkmale

Mit Hilfe der Diagramme werden die Merkmale ausgewählt, die am stärksten durch den Fügefehler beeinflußt werden. Von diesen Merkmalen wiederum werden die Verteilungsformen grafisch dargestellt, und es wird ein Grenzwert festgelegt, mit dem der fehlerfreie vom fehlerbehafteten Prozeß unterschieden werden kann. Überlappen sich die Verteilungen, wird der Grenzwert so gelegt, daß keine kritischen Fehler auftreten, d.h. der Grenzwert liegt außerhalb der Verteilung der Merkmalswerte, die im Fehlerfall gemessen werden (Abb. 7.6).

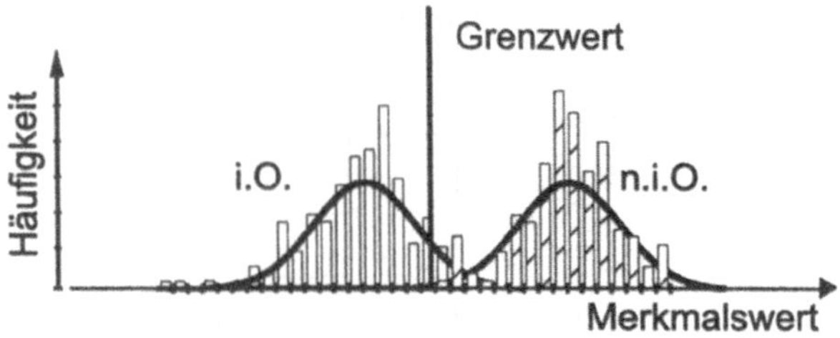

Abb. 7.6: Grenzwert zur Vermeidung kritischer Fehler

Aus der Verteilung und der Lage des Grenzwerts errechnet sich die Erkennungsrate, in dem das Verhältnis aus der Anzahl der korrekt klassifizierten Merkmale zu der Gesamtzahl der klassifizierten Merkmale gebildet wird. Die Fehlererkennungsrate ist ein Maß für die Eignung des Merkmals und damit der Leistungsfähigkeit der Überwachungseinrichtung.

7.4 Zusammenfassung

Für eine leistungsfähige Prozeßüberwachung ist neben der Meßtechnik eine Methode notwendig, die zu einer optimalen Auswertung der Signalverläufe führt. Eine leistungsfähige Prozeßüberwachung zeichnet sich vor allem bei schwankenden Prozeßparametern durch eine gleichbleibend hohe Fehlererkennungsrate aus. In vielen Fällen kann jedoch eine Erkennungsrate von 100%, bei der alle Prozesse korrekt klassifiziert werden, nicht erreicht werden. Die Merkmale werden dann so klassifiziert, daß alle fehlerhaften Prozesse erkannt werden. Dabei wird in Kauf genommen, daß einige fehlerfreie Prozesse als fehlerhaft erkannt und aussortiert werden.

Mit Hilfe der akustischen Grundlagen (Kapitel 3), den Ergebnissen der Grundlagenuntersuchungen (Kapitel 6) und der Methode zur Integration von Überwachungseinrichtungen (Kapitel 7) sind damit die Voraussetzungen für die akustische Überwachung von Fügeprozessen geschaffen. Im folgenden Kapitel werden die Erkenntnisse der akustischen Prozeßüberwachung an einem Anwendungsbeispiel umgesetzt.

8 Anwendungsbeispiel

Um die aus den vorangegangenen Kapiteln gewonnenen Erkenntnisse umzusetzen, wurde die Montage von Geruchverschlüssen akustisch überwacht. Das Meßsystem wurde dazu mit der in Kap. 7 beschriebenen Methode in den Prozeß integriert. Um die Leistungsfähigkeit der akustischen Überwachung einordnen zu können, wurde zum Vergleich mit mehreren akustischen Sensoren gemessen und eine Überwachung auf Basis der Fügekräfte durchgeführt.

8.1 Ausgangssituation

8.1.1 Produktbeschreibung

Ein Geruchverschluß ist ein hydraulischer Abschlußkörper, der zwischen dem Ablaufventil und der Abwasserleitung eingebaut ist. Er verhindert das Austreten von Gasen aus der Abwasserleitung in Wohnräume, ohne die Funktion des Entwässerungsgegenstandes zu behindern (DIN EN 329). Der U-förmige Geruchverschluß besteht aus drei Bauteilen, die im Spritzgußverfahren aus weißem Polypropylen hergestellt werden. Die Einzelteile werden durch zwei gleichartige, nicht lösbare Ringschnappverbindungen am Krümmer und am Stutzen gefügt. Um die Dichtheit der Fügestelle zu gewährleisten, ist jeweils ein O-Ring in eine Nut am Krümmer und Stutzen eingelegt.

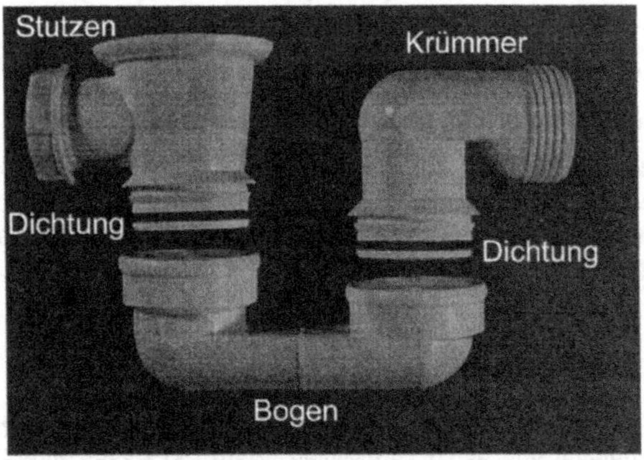

Abb. 8.1: Einzelteile des Geruchverschlusses

8.1.2 Beschreibung der Prüfsituation

Ein unverzichtbares Qualitätsmerkmal der Geruchverschlüsse ist deren Dichtheit. Bei der Montage der Geruchverschlüsse kann es vorkommen, daß der O-Ring während des Fügens teilweise aus der Nut gezogen und zwischen den Wandungen der Fügepartner gequetscht wird. Dieser Fehler tritt sowohl am Krümmer als auch am Stutzen auf. Im Fehlerfall ist der Geruchverschluß im Bereich des Schnappsitzes nicht dicht und muß aussortiert werden. Neben dem Herausziehen der Dichtung ist keine andere Ursache für eine mangelhafte Dichtheit der Geruchverschlüsse bekannt.

Die Prüfung der Dichtheit ist in der DIN EN 329 vorgeschrieben. Die darin vorgeschriebene Dichtheitsprüfung ist jedoch nur als Prüfung im Labor und nicht im Rahmen einer Massenproduktion durchführbar. In Anlehnung an diese Prüfvorschrift wird in einer taktgesteuerten Montageanlage eine automatisierte pneumatische Dichtheitsprüfung durchgeführt. Die Geruchverschlüsse werden im Folgetakt nach dem Fügen an den Anschlußöffnungen verschlossen und mit Druckluft beaufschlagt. Leckverluste werden über den Druckabfall meßtechnisch erfaßt und die defekten Teile aussortiert.

Bei der Differenzdruckprüfung werden durchschnittlich 5-8% der montierten Geruchverschlüsse als nicht dicht eingestuft. In einer nachfolgenden manuellen Dichtheitsprüfung stellt sich jedoch heraus, daß wiederum nur 2-5% der als nicht dicht klassifizierten Ausschußteile tatsächlich fehlerbehaftet sind. Die Gründe für diese mangelhafte Fehlererkennung liegen vermutlich im Abdichten der Geruchverschlüsse bei der Dichtheitsprüfung. Da in Zukunft mit kürzeren Taktzeiten montiert wird, und dabei ein ausreichend präzises Abdichten nicht mehr möglich erscheint, muß nach anderen Möglichkeiten der Qualitätsprüfung gesucht werden. Mit der akustischen Prozeßüberwachung sollten demnach folgende Ziele erreicht werden:

- Erhöhung der Fehlererkennungsrate
- Zuverlässige Prüfung auch bei kürzeren Taktzeiten

Für die Bestimmung der Lage der Dichtung nach dem Fügen wurde eine einfache Prüfvorrichtung bereitgestellt. Mit Hilfe einer starken Lichtquelle wurde der Geruchverschluß durchleuchtet und im Rahmen einer Sichtprüfung die Lage der Dichtung kontrolliert.

8.1.3 Prozeßbeschreibung

Zur Montage der Geruchverschlüsse werden Krümmer und Stutzen in eine Montageform eingelegt und durch Formschluß fixiert. Der Bogen wird zugeführt, auf die Fügepartner aufgelegt und durch einen Pneumatikzylinder aufgepreßt. Anschließend wird der Geruchverschluß aus der Fügeeinrichtung entnommen.

Um das Fügen zu erleichtern und um das Auftreten von Fehlern möglichst zu vermeiden, erwärmt man den Bogen vor dem Fügen auf ca. 60°C. Dadurch wird das Polypropylen elastischer und demzufolge sind geringere Fügekräfte erforderlich. Zusätzlich wird auf Stutzen und Krümmer im Bereich des Schnappsitzes Silikonfett aufgebracht, um die Reibung zwischen den Fügepartnern zu reduzieren und zusätzlich die Dichtheit zu erhöhen.

8.1.4 Beschreibung der Fügestation

Die Fügestation befindet sich an einem Rundtakttisch, an dem mit der Bauteilzufuhr und -abfuhr und der Dichtheitsprüfung 3 weitere Stationen angeordnet sind. Im Rahmen der Untersuchung wurde die Fügestation zum Fügen der Geruchverschlüsse nachgebaut.

Die wesentlichen Komponenten der Fügestation sind die Montageform zur Aufnahme der Fügeteile und ein Pneumatikzylinder mit Stempel zum Fügen des Bogens. Die tragende Konstruktion besteht aus Aluminiumprofilen und einer Stahlplatte zur Befestigung des Pneumatikzylinders. Der grundsätzliche Aufbau ist Abb. 8.2 zu entnehmen.

Die Montageform fixiert die Fügeteile in der für das Fügen erforderlichen Position. Krümmer und Stutzen der Geruchverschlüsse werden durch Formschluß gehalten, so daß die Fügeebenen der Ringschnappverbindungen parallel zueinander liegen und ein nahezu gleichzeitiges Fügen am Krümmer und am Stutzen ermöglicht wird.

Der Pneumatikzylinder erzeugt die erforderlichen Fügekräfte. Am Druckminderer ist der Druck und somit die maximale Schubkraft des Zylinders einstellbar. Über das handbetätigte Hebelventil kann das Ausfahren des Zylinders in der Einstellphase gesteuert werden.

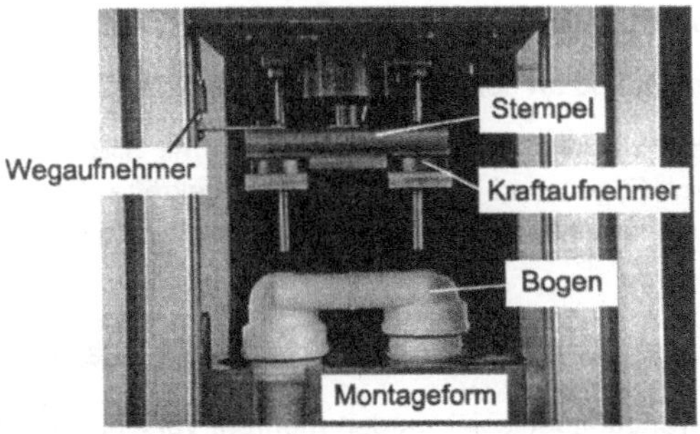

Abb. 8.2: Versuchsstand zum Fügen von Geruchverschlüssen

Der Fügestempel verteilt die Kraft des Pneumatikzylinders auf die beiden Fügestellen. Die Krafteinleitung auf den Bogen des Geruchverschlusses erfolgt zentrisch zu den Ringschnappverbindungen über die beiden quaderförmigen Aluminiumauflagen. Zwischen Stempel und Auflagen sind Kraftaufnehmer zur unabhängigen Messung der Fügekräfte am Krümmer und Stutzen montiert worden. Um Drehbewegungen der Kolbenstange zu verhindern, wird der Stempel durch zwei Stahlbolzen geführt.

8.2 Versuchsplanung

8.2.1 Aufstellung der Einflußgrößen

Von folgenden Prozeßparametern wurde ein Einfluß auf das akustische Signal und die Fügekraft vermutet:

- Druckluftversorgung

  Der Luftdrucksollwert beträgt 6 bar. Durch Druckschwankungen im Druckluftsystem, wie sie z.B. beim gleichzeitigen Ausfahren mehrerer pneumatischer Aktoren entstehen, wird die maximale Fügekraft beeinflußt. Zudem begrenzen Drosselstellen in den Zu- und Ableitungen des Pneumatikzylinders die pro Zeiteinheit strömende Luftmenge. Verschmutzungen in den Leitungen oder Veränderungen des Leitungsdurchmessers beeinflussen somit die Fügegeschwindigkeit und damit den Prozeßablauf.

- Vorwärmtemperatur des Bogens

  Polypropylen ist ein Thermoplast, das seine Materialeigenschaften mit der Temperatur ändert. Durch Kurzzeitstörungen in der Montageanlage können Teile nach dem Verlassen des Wärmeofens und auf der Strecke zwischen Ofen und Fügestation abkühlen. Sie besitzen somit eine geringere Temperatur und andere Materialeigenschaften.

- Schmiermittelmenge an den Schnappverbindungen

  Die Schmierung der Schnappverbindungen mit Silikonfett beeinflußt die Reibkräfte beim Fügen und somit auch die Fügekräfte. Fehlende oder zu geringe Schmierung läßt einen Einfluß auf den Fügevorgang vermuten.

8.2.2 Auswahl und Anbringung der Prozeßsensorik

Für dieses Anwendungsbeispiel wurden mehrere verschiedenartige Sensoren angebracht, u.a. auch Kraft- und Wegaufnehmer, um die Leistungsfähigkeit der akustischen Überwachung mit der konventionellen Kraft-Weg-Überwachung vergleichen zu können. Normalerweise wird man sich auf eine kleine Vorauswahl beschränken und sich nach einer vorab durchgeführten Auswertung der Prozeßsignale auf einen einzelnen Sensor festlegen. In den folgenden Abschnitten werden die verschiedenartigen Sensoren und deren Anbringung in der Fügestation beschrieben.

Parallel zur Achse des Pneumatikzylinders ist ein potentiometrischer Wegaufnehmer befestigt. Die Schubstange des Wegaufnehmers ist über eine Kugelgelenkkupplung spiel- und querkraftfrei mit einem Mitnehmerblech an der Oberseite des Fügestempels verbunden (Abb. 8.2). Der Aufnehmer liefert über seine Nutzlänge von 100 mm ein wegproportionales Spannungssignal. Die Messung der Prozeßgrößen wird durch das Ausfahren des Pneumatikzylinders automatisch gestartet. Der notwendige Triggerimpuls wurde aus dem Wegsignal gewonnen. Der Triggerzeitpunkt läßt sich über einen Grenzwert frei einstellen. Zudem werden die Prozeßgrößen, z.B. die Fügekraft, in Abhängigkeit des Weges aufgezeichnet.

Es wurden zwei Kraftaufnehmer am Fügestempel eingebaut (Abb. 8.2). Dies hat den Vorteil, daß die Fügekräfte am Krümmer und am Stutzen getrennt erfaßt werden können. Aufgrund der gegebenen Einbauverhältnisse fiel die Entscheidung für die Verwendung von DMS-Ringkraftaufnehmern. Die Nennkraft der Aufnehmer von 5 kN ist für den Fall ausgelegt, daß die maximale Kraft des Pneumatikzylinders auf einen einzelnen Aufnehmer wirkt. Die Ringkraftaufnehmer sind unter Vorspannung zwischen Fügestempel und den Auflagen befestigt.

Als Körperschallmikrofon wurde ein Beschleunigungsaufnehmer verwendet. Dieser Aufnehmer arbeitet nach dem piezoelektrischen Prinzip und besitzt einen eingebauten Verstärker. Die Empfindlichkeit der Aufnehmer beträgt 10 mV/ms^{-2}, die Resonanzfrequenz im montierten Zustand wird mit 25 kHz angegeben. Der Aufnehmer wurde angeschraubt. Da ein Anbringen der Beschleunigungsaufnehmer an den Geruchverschlüssen und an der Montageform aus produktionstechnischer Sicht nicht praktikabel ist, wurde der Aufnehmer am Fügestempel angebracht. Bei der Befestigung am Stempel ist die Körperschallankopplung der Aufnehmer an die Entstehungsorte der Geräusche am Geruchverschluß allerdings nicht mehr einwandfrei. Die Ankopplung ist z.B. auch vom Anpreßdruck beim Fügen abhängig. Die beschleunigungssensitive Achse wurde in Bewegungsrichtung ausgerichtet. Der Beschleunigungsaufnehmer nimmt dabei auch die Beschleunigung auf, die aus der Bewegung des Stempels beim Fügen resultiert.

Mit dem Laser-Vibrometer sind Schwinggeschwindigkeiten von 10^{-6} m/s bis 10 m/s in einem Frequenzbereich von 0,1 Hz bis 1 MHz meßbar. Zur Geschwindigkeitsmessung wurde eine Empfindlichkeit von 25 mm/Vs gewählt. Der Miniaturmeßkopf wurde an einem freistehenden Photostativ befestigt.

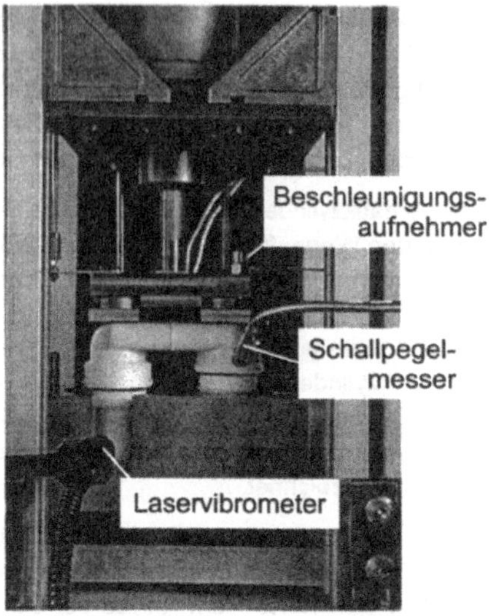

Abb. 8.3: Versuchsaufbau mit akustischen Sensoren

Für die Messung eignen sich nur Oberflächen von Objekten zur optischen Schwingungsmessung, die nicht durch den Fügevorgang bewegt werden. Im bestehenden Fall sind dies die Fügeteile in der Montageform. Der Meßpunkt für das Laser-Vibrometer wurde am Stutzen nahe der Schnappverbindung gewählt. Die für den optischen Zugang erforderliche Aussparung der Montageform beeinflußt den Halt des Fügeobjekts nicht.

Um neben dem Körperschallsignal auch die abgestrahlten Luftschall-Geräusche erfassen zu können, wurde ein Schallpegelmesser verwendet, der einen linearen Frequenzgang von 20 Hz bis 20 kHz aufweist. Die Ausgangsspannung des Schallpegelmessers ist proportional zum Schalldruck, die gewählte Empfindlichkeit beträgt 25 mV/Pa. Um den Einfluß des Abstands vom Sensor zum Fügeprozeß zu ermitteln, wurde nur mit einem Mikrofon gemessen. Die Entfernung des Mikrofons zur Schnappverbindung des Krümmers betrug ca. 5 cm, während es zur Schnappverbindung am Stutzen ca. 15 cm entfernt war.

Da eine Beeinflussung des Fügeprozesses durch die Vorwärmtemperatur der Geruchverschluß-Bogen zu erwarten war, wurde die Temperatur der Bogen unmittelbar vor dem Fügen gemessen. Dazu wurde ein Infrarot-Transmitter im Versuchsstand plaziert und die Temperatur des lose aufgelegten Bogens aus einem Abstand von 1 cm berührungslos erfaßt.

8.2.3 Beschreibung des Meßsystems

Das Meßsystem verfügt über 19 analoge Eingänge, von denen 3 Eingänge je eine Abtastrate von 1 MHz und einen Speicher von je 1 MB aufweisen. Die restlichen 16 Kanäle besitzen eine Abtastrate von insgesamt 200000 kHz und können auf einen Speicher von 1 MB zurückgreifen. Das Meßsystem überträgt die Meßwerte vom Speicher der jeweiligen Kanäle über den ISA-Bus in einen 486-PC. Der PC speichert die Daten auf Festplatte und übernimmt die grafische Darstellung und Auswertung der Meßdaten.

8.2.4 Erstellung des Versuchsplans

Im Versuchsplan wurden die oben aufgeführten Prozeßparameter, welche die Überwachung negativ beeinflussen könnten, eingetragen und auf zwei Niveaus variiert. Die erforderliche Zahl von Versuchen bei Variation von 4 Einflußgrößen (Temperatur, Druck, Schmierung, Fügefehler) beträgt 2^4=16 Versuche. Zunächst wurden pro Versuchsstufe 4 Versuche und damit insgesamt 16*4=64 Versuche durchgeführt. Bei der Bestimmung der Prozeßparameterstufen ergab sich, daß für 2 der 3 bekannten Prozeßparameter der maximal mögliche Wert zugleich auch der optimale ist, und daß die Schwankung des Parameters in der Praxis nur in eine Richtung möglich ist. Die Bauteile werden immer exakt auf 60 Grad erhitzt und können vor der Fügestation unterschiedlich lange abkühlen. Der Druck wird durch den Druckbegrenzer an der Fügestation auf 6 bar begrenzt. Schwankungen im Druckluftnetz können nur zu einer Verringerung des Fügedrucks führen. Die Parameterstufen werden mit "+1" und "-1" gekennzeichnet im Versuchsplan wie folgt eingetragen:

- Vorwärmtemperatur des Bogens
  Normaltemperatur 60°C ("+1") und verminderte Temperatur 50°C ("-1"). Dem Temperaturunterschied entspricht eine Abkühlzeit von ca. einer Minute bei Umgebungsluft auf Raumtemperatur.

- Druck
  Normaldruck 6 bar ("+1") und verminderter Druck 4 bar ("-1"). Auch bei 4 bar ist die Montage noch möglich.

- Schmierung
  Erhöhter Schmiermittelauftrag ("-1") und keine Schmierung ("+1"). Die aufgebrachte Menge an Silikonfett wurde nicht gemessen, sondern subjektiv bestimmt.

- Fügefehler
  Für den Fehler wurden die Dichtungen mit Kunststoffstreifen unterlegt. Die beiden Versuchsstufen sind fehlerfrei ("-1") und Fehler ("+1"). Im Fehlerfall wurden Fehler am Stutzen und Fehler am Krümmer unterschieden.

Einflußparameter

Versuchsnummer	T	D	S	F
1	-1	-1	-1	-1
2	-1	-1	-1	1
3	-1	-1	1	-1
4	-1	-1	1	1
5	-1	1	-1	-1
6	-1	1	-1	1
7	-1	1	1	-1
8	-1	1	1	1
9	1	-1	-1	-1
10	1	-1	-1	1
11	1	-1	1	-1
12	1	-1	1	1
13	1	1	-1	-1
14	1	1	-1	1
15	1	1	1	-1
16	1	1	1	1

Legende:

T: Temperatur
D: Druck
S: Schmierung
F: Fügefehler

Abb. 8.4: Versuchsplan

Die Einzelteile des Geruchverschlusses wurden montagegerecht konstruiert. Die vorhandenen Fügeschrägen erlauben z.B. auch bei schrägem Auflegen des Bogens im Normalfall eine korrekte Montage. Die Fügefehler liegen bei 0,25%, ihre Ursachen sind unbekannt. Um dennoch Unterschiede in den Prozeßgrößen bei fehlerfreiem und fehlerhaftem Prozeßverlauf systematisch untersuchen zu können, wurde die Gummidichtung, die in einer Nut eingebettet ist, mit Kunststoffstreifen einer Breite von 3 mm und einer Dicke von 1,5 mm unterlegt. Der Kunststoffstreifen beeinflußt den Schnappsitz nicht, erzwingt jedoch das Herausziehen der Dichtung. Die Dichtung steht damit ein Stück weiter über die Nut und wird beim Fügen vom Bogen mitgenommen und gequetscht. Durch diese Maßnahme konnten gezielt Fehlmontagen durchgeführt und das bei fehlerhafter Montage entstehende Fügegeräusch erzeugt werden.

8.3 Versuchsdurchführung und Analyse der Signale

8.3.1 Aufnahme der Prozeßsignale und Signalinterpretation

Zunächst wurden 30 Versuche bei optimaler Prozeßparametereinstellung durchgeführt. Davon wurden 14 Geruchverschlüsse fehlerhaft und 16 Geruchverschlüsse korrekt montiert. Die Temperatur betrug 60 Grad, als Druck wurden 6 bar eingestellt, Stutzen und Krümmer wurden geschmiert. Bei jedem Versuch wurden zwei Kraftverläufe und je ein Verlauf mit dem Luftschallsignal, dem Beschleunigungssignal und dem Vibrometersignal ermittelt. In den folgenden Abschnitten sind jeweils exemplarisch die verschiedenen Signalverläufe von korrekt montierten Verbindungen bei optimaler Prozeßparametereinstellung dargestellt.

8.3.1.1 Fügekräfte

Die Kraftsignale wurden mit einer Abtastrate von 4000 Hz über eine Meßzeit von 1,25 s aufgezeichnet. Die typischen Kraftverläufe am Stutzen und am Krümmer sind in Abb. 8.5 wiedergegeben. Der Prozeßablauf ist im Kraftsignal deutlich zu erkennen. Zunächst erfolgt das Aufsetzen des Fügestempels bei 80 ms, nach kurzem Kraftanstieg folgt das Überwinden der Gummidichtung bei 160 ms und schließlich

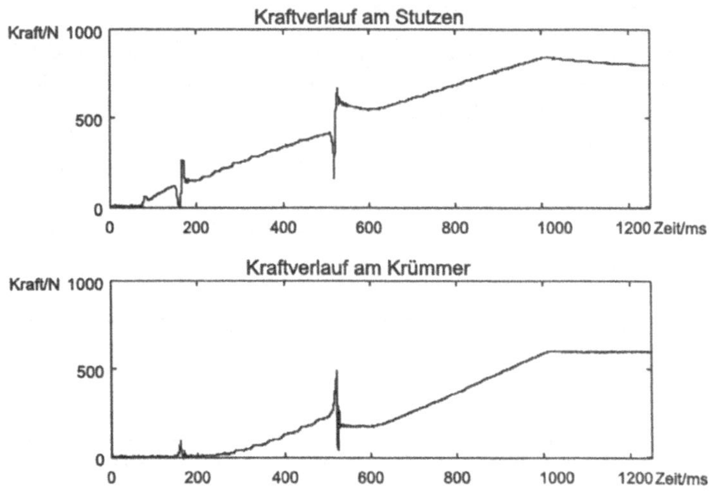

Abb. 8.5: Kraftverlauf am Stutzen und Krümmer

das Einrasten der Schnappverbindung bei 520 ms nach deutlichem Kraftanstieg. Da der Fügestempel nach dem Einrasten der Schnappverbindung gegen seinen Anschlag fährt, tritt nach 1,0 s kein weiterer Kraftanstieg auf.

Durch die Auslegung der Fügeeinrichtung setzt der Stempel zunächst auf den Stutzen und dann auf den Krümmer auf. Ebenso erfolgt das Überwinden der Dichtung und das Einrasten der Schnappverbindung zuerst am Stutzen und unmittelbar darauf am Krümmer. Die zeitliche Differenz beträgt beim Einrasten im Mittel 20 ms. Aufgrund der Gegebenheiten des Versuchsstandes sind die Kräfte am Stutzen während der Kraftanstiege und zum Ende des Fügevorgangs deutlich größer als die Kräfte am Krümmer. Die erforderlichen Kräfte zum Überwinden der Dichtung bzw. zum Einrasten der Schnappverbindung sind an Stutzen und Krümmer in etwa gleich groß.

8.3.1.2 Luftschallsignal

Der im Prozeß auftretende Schalldruck wurde mit dem beschriebenen Luftschallmikrofon erfaßt. Das Ausgangssignal des integrierten Verstärkers wurde mit einer Abtastrate von 50 kHz bei einer Meßzeit von 1,31 s aufgezeichnet. Der typische Geräuschverlauf bei optimaler Einstellung der Fügeparameter ist in Abb. 8.6 wiedergegeben.

Die Geräusche treten speziell beim Überwinden der Dichtung und beim Einrasten der Schnappverbindung auf. Die Geräusche lassen sich subjektiv als "Ploppen" mit anschließendem "Knacken" beschreiben.

Das Diagramm weist einen maximalen Schalldruck beim Überwinden der Dichtung von 9 N/m^2 und beim Einrasten von bis zu 50 N/m^2 aus. Diese Schalldrücke befinden sich an und jenseits der Schmerzgrenze des menschlichen Gehörs und erreichen aufgrund der Prozeßnähe diese extrem hohen Werte. Schalle aus der Umgebung der Fabrikhalle können sich demnach nicht störend auswirken. Es muß lediglich si-

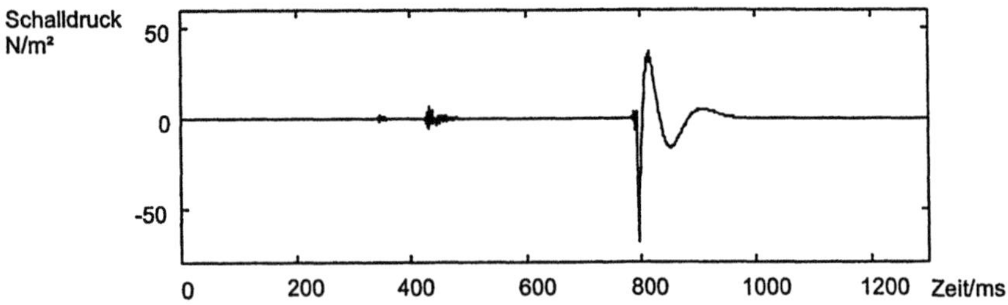

Abb. 8.6: Schalldruck des Luftschall-Geräusches

chergestellt werden, daß Schalle aus der unmittelbaren Umgebung der Fügestation nicht an das Mikrofon gelangen. Werden am Rundtakttisch bei der Zuführung der Einzelteile, dem Abtransport der montierten Geruchverschlüsse oder durch die Abluft der Pneumatik hohe Schallpegel erzeugt, dann kann die Abluft umgeleitet und sonstiger Fremdschall mit einfachen Schallschutzflächen vom Mikrofon ferngehalten werden.

8.3.1.3 Beschleunigungssignal

Das Beschleunigungssignal wurde vom Stempel abgenommen, wie das Luftschallsignal mit 50 kHz abgetastet und über eine Meßzeit von 1,31 s aufgezeichnet. Auch hier lassen sich wieder das Überwinden der Dichtung und das Einrasten erkennen. Sowohl das Überwinden der Dichtung als auch das Einrasten lassen sich als kurzzeitige Stöße beschreiben. Die maximale Signalenergie tritt wie im Luftschallsignal beim Einrasten der Schnappverbindung auf.

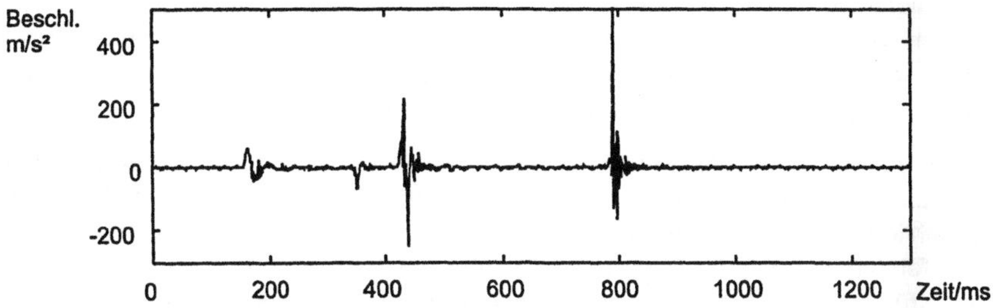

Abb. 8.7: Beschleunigungssignal am Fügestempel

8.3.1.4 Vibrometersignal

An der Oberfläche des Stutzens wurde die Schwinggeschwindigkeit des Körperschalls mit dem Laser-Vibrometer erfaßt. Das Vibrometersignal wurde wie der Luftschall und die Beschleunigung mit einer Abtastrate von 50 kHz bei einer Meßzeit von 1,31 s aufgezeichnet. Der typische Signalverlauf des fehlerfreien Falls bei optimaler Parametereinstellung ist in Abb. 8.8 wiedergegeben. Auch treten erneut zwei sehr kurzzeitige Peaks auf, wobei die maximale Signalenergie beim Überwinden der Dichtung gemessen wird.

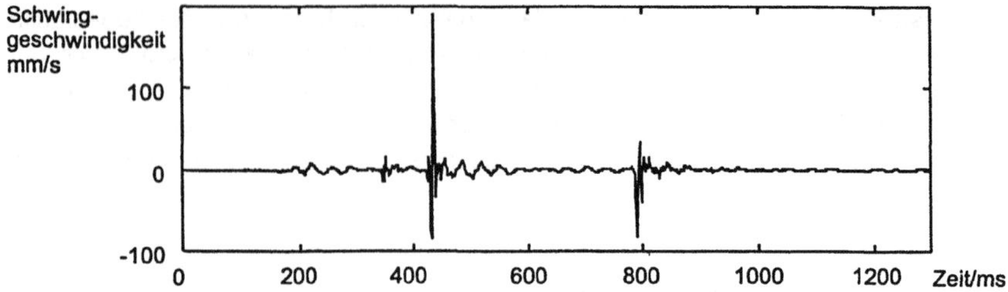

Abb. 8.8: Vibrometersignal

8.3.2 Vorauswahl der Merkmale

Nach der Messung und Interpretation der Signalverläufe werden mit Hilfe der Signalanalysefunktionen von Kap. 3 empirisch eine Anzahl Merkmale bestimmt. Es wurden Signalenergien beim Überwinden der Dichtung und beim Einrasten ermittelt, sowie verschiedene Extremstellen in den Kurvenverläufen betrachtet. Dabei wurde sowohl deren Wert als auch deren zeitliche Lage ermittelt. Die akustischen Meßsignale wurden zusätzlich in den Frequenzbereich transformiert.

Um die Merkmalvorauswahl durchzuführen, wurde zu jedem Merkmal die Verteilung bei korrektem und bei fehlerhaftem Fügeprozeß ermittelt und grafisch dargestellt. Anschließend wurde überprüft, inwieweit sich die Verteilungen überschneiden. Bei den fehlerhaften Fügeprozessen wurde dabei jeweils eine Verteilung für den Fehler am Krümmer und den Fehler am Stutzen ermittelt. Die Merkmale, deren Verteilungen sich bei korrekt und fehlerhaft durchgeführtem Fügeprozeß nicht oder nur bis zu 20% überschneiden, wurden ausgewählt, der Rest verworfen. Schon bei der Vorauswahl zeigte sich, daß die Signalverläufe des Vibrometers aufgrund starker Merkmalsstreuungen keine hohe Aussagekraft besitzen. Deshalb wurde auf eine weitere Analyse der Signalverläufe des Vibrometers verzichtet. In den folgenden Abschnitten werden die ausgewählten Merkmale des Kraft-, Luftschall-, und des Beschleunigungssignals beschrieben.

8.3.2.1 Vorauswahl von Kraftmerkmalen

Eine genaue Betrachtung zeigt beim Überwinden der Dichtung sowie beim Einrasten ein deutliches Überschwingen der Kraftsignale (Abb. 8.9). In den Versuchen wurde für die Kraftverläufe an Krümmer und Stutzen folgende Merkmalvorauswahl getroffen:

- Maximum beim Überwinden der Dichtung.
- Maximum beim Einrasten der Schnappverbindung.
- Minimum beim Einrasten der Schnappverbindung.
- Überschwingmaximum beim Einrasten der Schnappverbindung.

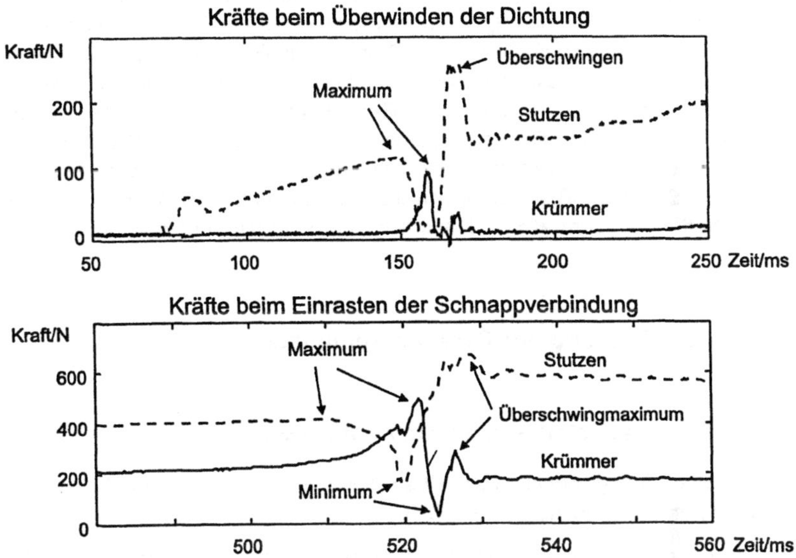

Abb. 8.9: Kräfte beim Überwinden der Dichtung und beim Einrasten

8.3.2.2 Vorauswahl von akustischen Merkmalen

Die Voruntersuchung ergab, daß im Zeitbereich nur für den Luftschall signifikante Merkmale gefunden werden konnten. Es wurden folgende Merkmale ausgewählt:

- Betragsmaximum des Schalldrucks beim Überwinden der Dichtung.
- Betragsmaximum des Schalldrucks beim Einrasten der Schnappverbindung.
- Gleichrichtwert des Schalldrucks über die gesamte Meßzeit.

Im Frequenzbereich konnten für Luftschall und Beschleunigungssignal viele signifikante Merkmale gefunden werden. Es wurden Oktav- und Terzanalysen mittels Fast-Fourier-Transformation (FFT) durchgeführt und die Spektren der Signale beim Überwinden der Dichtung und beim Einrasten der Schnappverbindung berechnet. Zuvor wurde das Schalldrucksignal symmetrisch zur Lage des Betragsmaximums mit einem Hanning-Fenster mit einer Länge von 16384 Abtastwerten gefenstert. Die gewählte Fensterlänge ergibt sich aus der größten Zweierpotenz von Abtastwerten, bei der keine Überlappung des Geräusches beim Überwinden der Dichtung mit dem Fensterbereich beim Einrasten und umgekehrt auftritt. Die spektrale Auflösung errechnet sich zu 3,05 Hz. Das Spektrum wurde anschließend in 31 Bereiche zwischen 14,1 Hz und 22390 Hz aufgeteilt, deren Grenzen den Grenzfrequenzen der Terzfilter für elektroakustische Messungen gemäß DIN 45 652 entsprechen. Abschließend wurden die Spektralwerte innerhalb der Grenzen aufsummiert. Auf diese Weise erhält man 31 Merkmale, die der spektralen Verteilung der Geräusche entsprechen. Die genannte Frequenz gibt immer die Mittenfrequenz des entsprechenden Terzbereiches an. Da ein Großteil der Terzen die Vorbedingung erfüllen, wurde keine Auswahl getroffen, sondern alle 31 Merkmale wurden in die nähere Auswahl einbezogen.

8.3.3 Bestimmung der Parametereinflüsse

8.3.3.1 Parametereinflüsse auf die Kraftmerkmale

Für den Wert des Maximums beim Überwinden der Dichtung zeichnet sich kein dominanter Parametereinfluß ab (Abb. 8.10).

Der Wert des Kraftmaximums vor dem Einrasten unterliegt an Krümmer und Stutzen einem starken Temperatureinfluß. Daneben existiert in beiden Fällen ein relativ starker Einfluß aus der Temperatur und den Fügefehlern (Abb. 8.11). Das Kraftmaximum vor dem Einrasten ist somit nicht zur Fehlererkennung geeignet.

Im Gegensatz dazu weist der Wert des Kraftminimums sowohl am Stutzen als auch am Krümmer beim Einrasten der Schnappverbindung einen starken Fehlereinfluß auf (Abb. 8.12).

Am Stutzen existiert zusätzlich ein geringer Temperatureinfluß. Am Krümmer ist der Fehlereinfluß nicht ganz so stark wie am Stutzen. Zudem treten die Wechselwirkungen stärker hervor als am Stutzen. Da der Fehlereinfluß bei weitem am stärksten ist, scheint der Wert des Minimums zur Fehlererkennung geeignet.

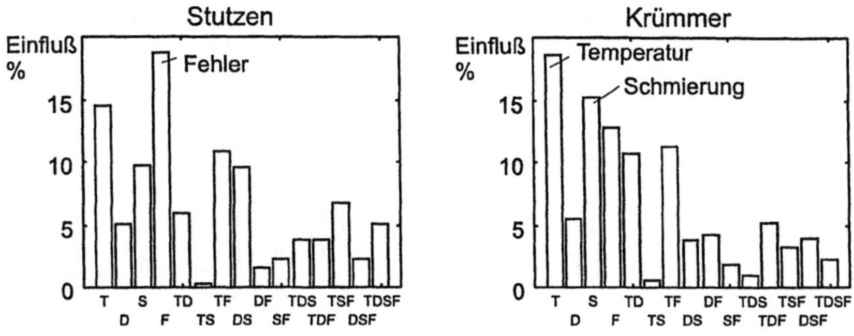

Abb. 8.10: Parametereinfluß auf das Maximum beim Überwinden der Dichtung

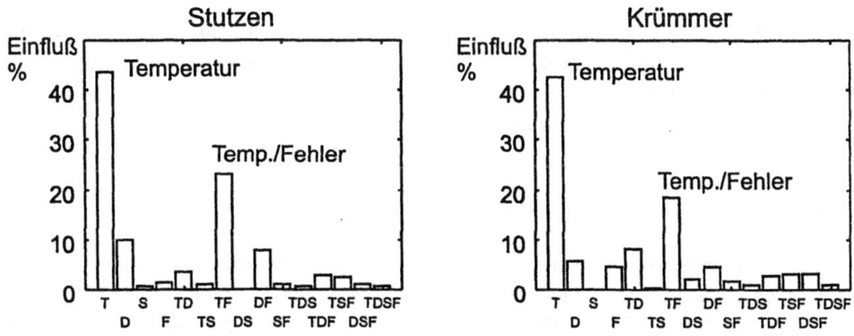

Abb. 8.11: Parametereinfluß auf das Maximum beim Einrasten

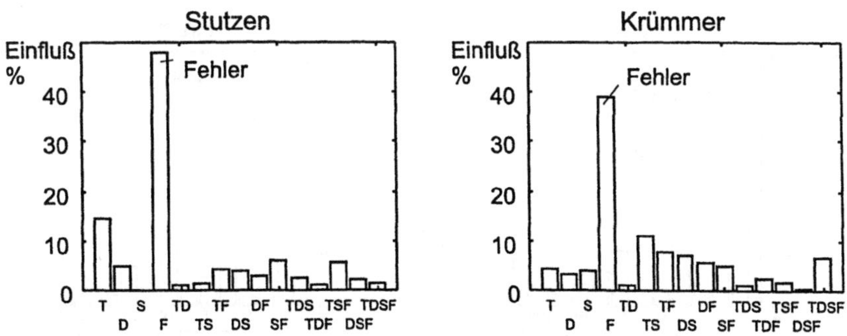

Abb. 8.12: Parametereinfluß auf das Minimum beim Einrasten

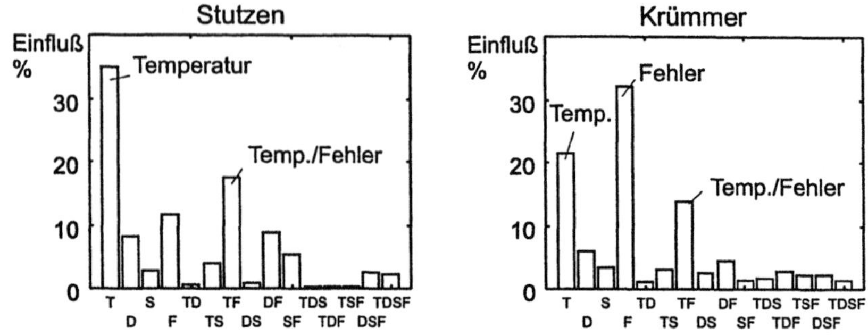

Abb. 8.13: Parametereinfluß auf das Überschwingmaximum beim Einrasten

Für den Wert des Überschwingmaximums ergibt sich an Stutzen und Krümmer eine unterschiedliche Verteilung der Einflüsse (Abb. 8.13). Während am Stutzen der Temperatureinfluß dominiert, ist am Krümmer der Fehlereinfluß am stärksten. In beiden Fällen zeigt sich ein Einfluß aus Temperatur und Fehler.

8.3.3.2 Parametereinflüsse auf die Merkmale des Luftschalls

Bei der Analyse der Merkmale im Zeitbereich zeigte sich, daß der Einfluß der Stutzenfehler bedeutend geringer ist als der Krümmerfehler. Die stärksten Fehlereinflüsse, für Stutzenfehler 21% und für Krümmerfehler 34%, ergeben sich für den Gleichrichtwert (Abb. 8.14). Auffallend ist der starke Einfluß der Temperatur auf alle Merkmale im Zeitbereich.

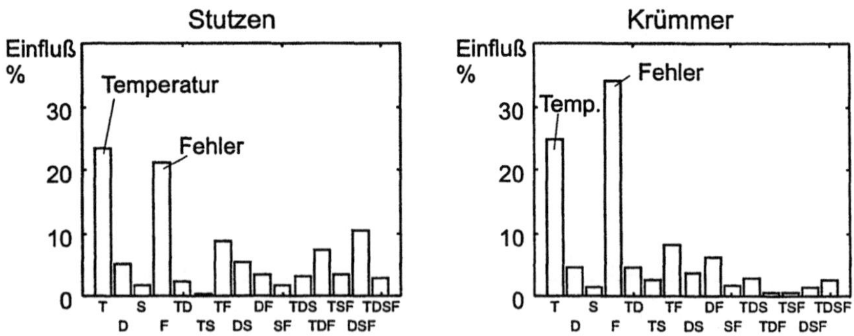

Abb. 8.14: Parametereinfluß auf den Gleichrichtwert

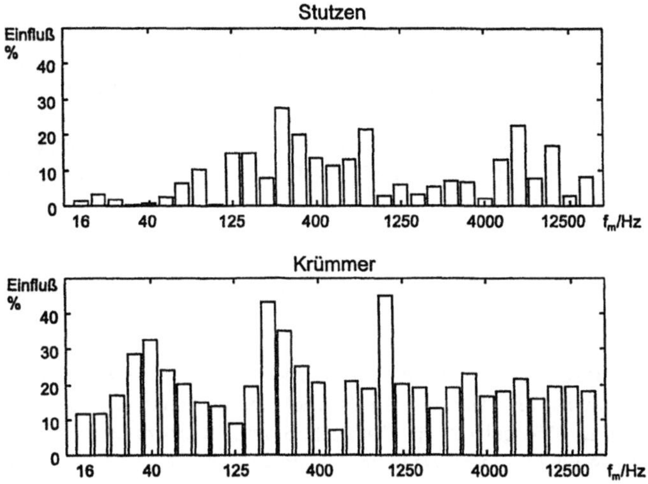

Abb. 8.15: Fehlereinfluß auf die Betragsmaxima beim Überwinden der Dichtung

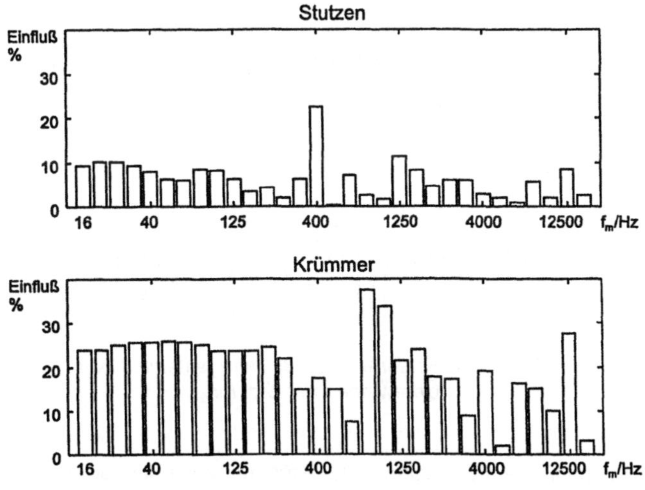

Abb. 8.16: Fehlereinfluß auf die Betragsmaxima beim Einrasten

Auch bei den Merkmalen im Frequenzbereich haben die Krümmerfehler einen deutlich stärkeren Einfluß als die Stutzenfehler. Abb. 8.15 und Abb. 8.16 geben den Einfluß der Stutzenfehler und den der Krümmerfehler auf die verschiedenen Terzbereiche des Geräusches beim Überwinden der Dichtung und beim Einrasten wieder. Die stärksten Einflüsse mit 28% liegen beim Überwinden der Dichtung bei 250 Hz für Fehler am Stutzen und mit 46% bei 800 Hz für Fehler am Krümmer. Beim Einrasten eignet sich der Schalldruck bei 400 Hz für Fehler am Stutzen und 800 bzw. 1000 Hz für Fehler am Krümmer.

8.3.3.3 Parametereinflüsse auf die Merkmale des Beschleunigungssignals

Auch beim Beschleunigungssignal macht sich der Einfluß der Fehler im Frequenzbereich bemerkbar. Beim Überwinden der Dichtung erreichen Stutzenfehler einen Einfluß von bis zu 35% bei 160 Hz. Der Einfluß der Krümmerfehler ist im Mittel stärker, der maximale Einfluß bei 63 Hz beträgt jedoch nur 25% (Abb. 8.17).

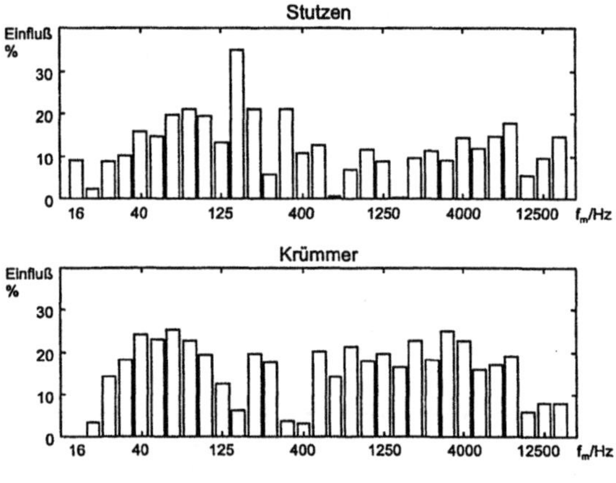

Abb. 8.17: Fehlereinfluß auf Betragsmaxima beim Überwinden der Dichtung

Der Fehlereinfluß beim Einrasten ist für Krümmerfehler stärker als für Stutzenfehler (Abb. 8.18). Die maximalen Einflüsse sind für Stutzenfehler 31% bei 315 Hz und für Krümmerfehler 38% bei 50 Hz bzw. 36% bei 1600 Hz.

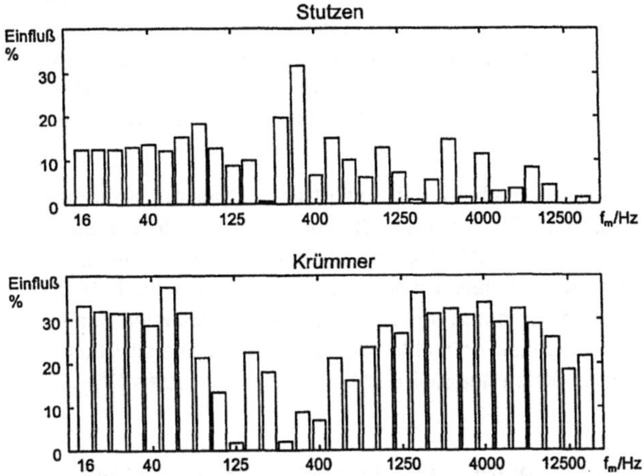

Abb. 8.18: Fehlereinfluß auf Betragsmaxima beim Einrasten

8.3.4 Auswahl robuster Merkmale

Weist ein Merkmal einen starken Fehlereinfluß auf, ist es voraussichtlich für die Erkennung des Fehlers geeignet. Zur Unterscheidung von fehlerfreien und fehlerhaften Fügeprozessen wurde eine Schwelle gelegt, deren Über- oder Unterschreiten zur Zuordnung zu einer Qualitätsstufe führt und sicherstellt, daß keine kritischen Fehler auftreten.

8.3.4.1 Erkennungsraten der Kraftmerkmale

Durch die Auswertung des Minimums beim Einrasten der Schnappverbindung läßt sich eine Erkennungsrate für Fehler am Stutzen von 84%, für Fehler am Krümmer von 44% erreichen. Die Auswertung des Überschwingmaximums zur Erkennung von Fehlern am Krümmer ergibt eine Erkennungsrate von 78%.

8.3.4.2 Erkennungsraten der Merkmale des Luftschalls

Bedingt durch die Anordnung des Mikrofons zeigte sich, daß der Einfluß, den Fehler am Stutzen auf die Ausprägung des Merkmals haben, gegenüber dem Einfluß der

Fehler am Krümmer gering ist. Es fällt auf, daß bei allen Merkmalen im Zeitbereich der Einfluß der Temperatur auf die ausgewählten Merkmale sehr hoch ist. Die höchsten Erkennungsraten im Zeitbereich werden mit Hilfe des Gleichrichtwerts erreicht. Die Erkennungsraten von 21% für Fehler am Stutzen und 34 % für Fehler am Krümmer sind jedoch zu gering, um als Merkmale für die Überwachung herangezogen zu werden.

Auch im Frequenzbereich ist der Einfluß der Fehler am Krümmer im allgemeinen höher als der Einfluß der Fehler am Stutzen. Die stärksten Einflüsse liegen für Fehler am Stutzen mit 28% bei 250 Hz und für Fehler am Krümmer mit 46 % bei 800 Hz. Daraus wird eine maximale Erkennungsrate von 57% für Fehler am Stutzen und 92% für Fehler am Krümmer errechnet. Alternativ dazu kann auch die Frequenz von 1000 Hz beim Einrasten betrachtet werden. Die maximalen Erkennungsraten betragen für Fehler am Krümmer 89% und für Fehler am Stutzen 47%.

8.3.4.3 Erkennungsraten der Beschleunigungsmerkmale

Auch die Erkennungsraten, die mit Hilfe des Beschleunigungssignals ermittelt wurden, weisen eine starke Abhängigkeit vom Meßort auf. Der Aufnehmer war am Stempel auf der Seite des Krümmers montiert. Demzufolge können mit dieser Anordnung wesentlich höhere Erkennungsraten bei Fehlern am Krümmer erzielt werden.

Die maximale Erkennungsrate für Fehler am Krümmer wird bei 6300 Hz mit 82% beim Einrasten der Verbindung ermittelt. Die Erkennungsrate für Fehler am Stutzen liegt lediglich bei 52% und wird bei 630 Hz berechnet. Die maximalen Erkennungsraten mit Merkmalen, die beim Überwinden der Dichtung berechnet wurden, liegen für beide Fehlerarten bei ca. 50%.

8.3.5 Diskussion der Ergebnisse

Ziel der Versuche ist es, die Einsatzmöglichkeiten der akustischen Prozeßüberwachung darzustellen. Die Einsatzmöglichkeit ist gegeben, da fehlerhafte von fehlerfreien Produkten auch bei unterschiedlichen Produktionsrandbedingungen unterschieden werden können. Zum Vergleich der unterschiedlich gemessenen Prozeßgrößen wurde die jeweils maximal erreichbare Erkennungsrate als Kriterium verwendet. In Abb. 8.19 sind diese Werte für die in den Versuchen betrachteten Meßgrößen zusammengefaßt.

Die höchsten Erkennungsraten werden bei der Luftschallmessung mit 92% am Krümmer erreicht, während am Stutzen nur 57% gemessen werden. Die Wahl des Meßortes ist für die akustische Messung somit von entscheidender Bedeutung. Eine identische Ankopplung des Aufnehmers an beide Schallquellen stellt den Idealfall dar. In der für die Versuche verwendeten Position treffen die Schallwellen des Schnappvorgangs am Krümmer direkt, die des Schnappvorgangs am Stutzen nur indirekt auf das Mikrofon. Damit lassen sich die stark unterschiedlichen Erkennungsraten für Stutzen- und Krümmerfehler beim Luftschall erklären. Wurde das Mikrofon direkt am Stutzen plaziert, konnte eine Erkennungsrate von 92% ermittelt werden. Ähnliches gilt für die Beschleunigungsmessung. Der Beschleunigungsaufnehmer ist am Stempel auf der Krümmerseite befestigt. Dies läßt einen stärkeren Einfluß des Schnappvorganges am Krümmer erwarten. Die Erkennungsraten liegen auch hier für Krümmerfehler deutlich höher. Anders verhält es sich bei den Messungen mit dem Laser-Vibrometer. Der Meßort liegt hier am Stutzen. Die Erkennungsraten für Stutzenfehler sind hier für akustische Messungen mit maximal 71% am höchsten. Zwischen Stutzen- und Krümmerfehlern bestehen hinsichtlich der maximalen Erkennungsraten nur geringe Unterschiede. Die Erkennungsraten für Krümmerfehler sind nur geringfügig niedriger.

Stutzen

Meßgröße	Kraft	Schalldruck	Beschleunigung	Schwinggeschw.
Erkennungsrate	84%	57%	60%	71%

Krümmer

Meßgröße	Kraft	Schalldruck	Beschleunigung	Schwinggeschw.
Erkennungsrate	78%	92%	82%	66%

Abb. 8.19: Maximal erreichte Erkennungsraten

Man kann vermuten, daß sich fehlerfreier und fehlerhafter Fall durch akustische Messungen bedeutend besser unterscheiden ließen, wenn die beiden Schnappprozesse getrennt erfaßt werden könnten. Im Fall der Geruchverschlußmontage würde dies ein getrenntes Fügen von Stutzen und Krümmer bedeuten, das aufgrund der hohen Taktanforderungen nicht praktikabel ist. Durch Verwendung getrennter Aufnehmer für die Geräusche von Stutzen und Krümmer sowie Optimierung der Meßorte sind sicherlich insgesamt höhere Erkennungsraten bei den akustischen Messungen erzielbar.

Die Kraft- und Geräuschmessungen weisen bei dem untersuchten Fügeprozeß einen entscheidenden Unterschied auf. Beim Fügen der Geruchverschlüsse finden die beiden Schnappvorgänge an Stutzen und Krümmer nahezu zeitgleich statt. Durch die Verwendung von zwei Kraftaufnehmern können die Fügekräfte der beiden Schnappprozesse unabhängig gemessen werden. Bei der akustischen Messung überlagern sich sowohl die Luft- wie auch die Körperschallschwingungen der beiden Schnappprozesse. Trotzdem sind die Erkennungsraten bei der Kraftmessung vergleichsweise niedrig. Der Grund dafür liegt in der hohen Temperaturabhängigkeit des Kraftsignals. Durch die Temperaturabhängigkeit werden nur Erkennungsraten von 84% am Stutzen und 78% am Krümmer erreicht.

Für einen Industrieeinsatz der Luftschallmessung sind aufgrund der hohen Signalenergien keine störenden Einflüsse aus der Umgebung zu erwarten. Auf eine Schallkapselung der Produktionsanlage kann in diesem Fall verzichtet werden. Aufgrund der relativ niedrigen Erkennungsraten und der hohen Kosten ist eine Messung mit dem Vibrometer ungeeignet.

Zu beachten ist, daß die Erkennungsraten für den Fall von maximalen Parameterschwankungen ermittelt wurden. Die Erkennungsraten bei konstanten Parametern liegen höher. Insgesamt gesehen kann die akustische Überwachung als ein geeignetes Verfahren zur Überwachung der Montage von Geruchverschlüssen angesehen werden. Es besteht nur eine sehr geringe Temperaturabhängigkeit, und es kann die spektrale Analyse der Geräuschsignale kostengünstig als Analogschaltung aufgebaut werden. Demgegenüber kommen für die verwendeten Merkmale der Kraftmessung nur teure rechnergestützte Systeme in Frage.

8.4 Zusammenfassung

Es wurde eine Versuchsstation zur Montage von Geruchverschlüssen aufgebaut, in der die Fügeprozesse überwacht werden können. Dazu wurden Fügekräfte, Luft- und Körperschallschwingungen untersucht. Der Versuchsaufbau wurde mit zwei Kraftaufnehmern, einem Luftschallmikrofon, einem Beschleunigungsaufnehmer und einem Laser-Vibrometer versehen. Die Prozeßsignale wurden mit einem rechnergestützten Meßsystem aufgezeichnet. Die Auslegung des Meßsystems erfolgte derart, daß man es für Messungen an einer industriellen Produktionsanlage betreiben könnte. Die Vorwärmtemperatur des Bogens der Geruchverschlüsse, der Druck des Pneumatikzylinders der Fügevorrichtung sowie die Schmiermittelmenge der Fügestellen wurden als Parameter für eine Versuchsreihe ausgewählt. Um den Einfluß von Fügefehlern auf die Prozeßgrößen untersuchen zu können, wurden Fehler künstlich erzeugt. Aus den Prozeßsignalen wurden Merkmale sowohl im Zeit- wie auch im Frequenzbereich gebildet und der Einfluß der genannten Parameter auf die

Merkmale ermittelt. Für Merkmale, die einen starken Fehlereinfluß zeigen, wurden Kriterien zur Unterscheidung von fehlerhaftem und fehlerfreiem Prozeßverlauf gebildet. Die Kriterien wurden so gewählt, daß fehlerhafte Teile zu 100% erkannt werden. Anhand dieser Entscheidungsregeln wurden die gemessenen Merkmale überprüft. Die maximal erreichten Erkennungsraten wurden für eine Bewertung der unterschiedlichen Meßverfahren herangezogen. Für die akustische Erkennung von Fügefehlern im Versuchsaufbau wurden Erkennungsraten bei starken Parameterschwankungen von 92%, bei konstanten Parametern von 99% erreicht. Es wurde nachgewiesen, daß die akustische Qualitätsprüfung zur Überwachung der Montage von Geruchverschlüssen eine gute Alternative zu herkömmlichen Methoden der prozeßbegleitenden Qualitätsprüfung ist.

9 Zusammenfassung

Ausgangspunkt der Arbeit waren die steigenden Ansprüche der Kunden an die Qualität der Produkte und die damit einhergehenden Qualitätssteigerungsmaßnahmen in den Unternehmen. In der Montage stellen Produktprüfungen häufig sehr teure und aufwendige Verfahren zur innerbetrieblichen Lenkung der Qualität dar. Deshalb wird verstärkt versucht, durch die Lenkung der Prozesse die Produktqualität zu erhöhen.

Dazu werden in der Montage zur Überwachung von kraft- und formschlüssigen Fügeverbindungen Prüfsysteme eingesetzt, die mit Hilfe von Kraft- und Wegsignalen Prozeßfehler erkennen. Die Systeme zielen auf die Erkennung von Fehlern, welche die Verfügbarkeit der Montageanlagen verringern, ab oder sollen Anlagenkomponenten vor einer Beschädigung schützen. Zur Überwachung der Qualität der Fügeverbindung sind die Systeme nur eingeschränkt einsetzbar, weil sie häufig eine Analyse der Prozesse mit der erforderlichen Genauigkeit nicht erlauben und nicht flexibel genug einsetzbar sind.

Deshalb werden im Rahmen der Arbeit akustische Prüfverfahren als neuer Ansatz zur Überwachung von Fügeprozessen erprobt und bewertet. Dazu wurde akustisches Grundlagenwissen aufgearbeitet, da dieses Wissen zur optimalen Auswahl, Anbringung der Meßaufnehmer sowie zur Signalklassifikation Voraussetzung ist.

Um die Möglichkeiten der akustischen Prozeßüberwachung darzustellen, wurde an in der Metallindustrie häufig vorkommenden Fügeprozessen eine prozeßbegleitende Überwachung durchgeführt. Die Erkennung typischer Fehlerarten wurde aufgezeigt, und die Fehlerarten wurden klassifiziert, so daß die Übertragung auf weitere Prozesse möglich ist. Durch die Vielzahl von untersuchten Prozeßfehlern wurde ein umfassender Überblick über die Möglichkeiten der akustischen Prozeßüberwachung geschaffen. Dabei wurde deutlich, daß es bei der Vielzahl der möglichen Fehler bei Füge- und Handhabungsprozessen einige Prozesse gibt, bei denen die Überwachung mit akustischen Prüfsystemen den konventionellen Kraft-Weg-Systemen prinzipiell überlegen ist, weil bestimmte Faktoren, wie z.B. Reibwertschwankungen, die akustische Prüfung nicht beeinträchtigen. Die Integration der Prüfsysteme in die Prozesse wurde abschließend betrachtet und eine Vorgehensweise erarbeitet, mit der die Integration der Meßtechnik und die Durchführung der Signalanalyse schrittweise durchgeführt werden kann bzw. die Fehlererkennungsmöglichkeiten abgeschätzt werden können. Bei der Integration wurden besonders die verschiedenen Prozeßparameter und deren Streuung berücksichtigt und dadurch eine robuste und zuverlässige Überwachung erreicht.

Die Umsetzung der Ergebnisse der Grundlagenuntersuchung an einem Praxisbeispiel zeigt, daß akustische Prüfsysteme zur Überwachung von Fügeprozessen gut geeignet sind und in Zukunft verstärkt, oder als Ergänzung zu Kraft-Weg-Systemen, eingesetzt werden sollten.

10 Literatur

Andreasen & De Chiffre 1993

Andreasen,J.L.; De Chiffre, L. Automatic Chip-Breaking Detection in Turning by Frequency Analysis of Cutting Force. Annals of the Cirp Vol. 42/1/1993.

Averkamp 1982

Averkamp, Th. J.: Überwachung und Regelung des Abricht- und Schleifprozesses beim Außenrund-Einstechschleifen. Dissertation RWTH Aachen, 1982.

Bähre 1994

Bähre, D.: Zerspanbarkeitsanalyse beim Drehen von Stahl. Dissertation Universität Kaiserslautern. Produktionstechnische Berichte, Band 14, 1994.

Baier 1985

Baier, J.: Entwicklung einer digitalen AC-Grenzregelung für Tiefbohrmaschinen unter Betrachtung geeigneter Prozeßkenngrößen. Dissertation Universität Dortmund. VDI-Fortschritts-Berichte, Reihe 2: Betriebstechnik, Düsseldorf: VDI-Verlag 1985.

Barth & Schoof 1996

Barth, C.; Schoof, A.: Qualitätskosten - Qualitätsgewinne, Mit der Prozeßkostenrechnung lassen sich Qualitätskosten und -gewinne im Sinne der ISO 9000-Forderung darstellen. QZ 41 (1996 Heft 6 S. 652-656.

Bauer 1991 a

Bauer, C.-O.: Produkthaftung: Forderungen an Meß-, Prüf- und Überwachungsverfahren. Werkstattstechnik 81 (1991) S.286-289.

Bauer 1991 b

Bauer, C.-O.: Handbuch der Verbindungstechnik. München: Carl Hanser, 1991.

Becker 1995

Qualität und Wirtschaftlichkeit. QZ-Beilage Zertifizierung November 1995, ZG 73-77.

Behrend 1996

Behrend, H.: Entwicklung eines lernfähigen Systems zur Beobachtung des Werkzeugverschleißes beim Drehen. Dissertation TU-Braunschweig. Schriftenreihe des Instituts für Werkzeugmaschinen und Fertigungstechnik. Essen: Vulkan Verlag 1996.

Bierögel 1988

Bierögel, A.: Automatisches Messen und Regeln. QZ 33 (1988) Heft 6 S. 293-296.

Birkicht 1991

Birkicht, B.: Automatisiertes Fügen von Sicherungsringen in Bohrunge - Ein Beitrag zur flexiblen, automatisierten Montage. Dissertation Universität Stuttgart. Institut für Werkzeugmaschinen 1991.

Bläsing & Melchior 1979

Bläsing, P.; Melchior, K: Probleme mit der Sichtprüfung: Ist die Fernsehtechnik eine Alternative?. Industrieanzeiger 100 (1979), S. 36 40.

Blume & Illgner 1991

Blume, D.; Illgner, K. H.: Schrauben Vademecum. Neuss: Bauer & Scharte, 1991.

Bosch 1990a

Fa. Bosch: Qualitätssicherung von Preßberbindungen elektronisch überwachen. Industrie-Anzeiger 35/36 (1990), S. 36.

Bosch 1990b

Fa. Bosch: Sicheres Einpressen - Elektronische Überwachung von Einpreßvorgängen. Roboter, Oktober 1990, S.62.

Brauer u.a. 1994

Brauer, S. u.a.: Arbeitswissenschaftliche Aspekte bei der Einführung von Prozeßüberwachungssystemen an Stanzautomaten. Blech Rohre Profile 41 (1994) 4, S. 694-699.

Brigham 1989

Brigham, E.O.: FFT: Schnelle Fourier-Transformation. München: Oldenbourg, 1989.

Brinksmeier 1991

Brinksmeier, E.: Prozeß- und Werkstückqualität in der Feinbearbeitur Berichte aus dem Institut für Fertigungstechnik und spanende Werkzeugmaschinen, Universität Hannover, Reihe 2: Fertigungstechnik, 1991.

Buchholz 1987

Buchholz, Th.: Prozeßmodell Fräsen - Rechnerunterstützte Analyse, Optimierung und Überwachung. Dissertation Universität Karlsruhe. Forschungsberichte aus dem Institut für Werkzeugmaschinen und Betriebstechnik der Universität Karlsruhe. Band xx. Karlsruhe: Schnelldruck Ernst Gräser, 1987.

Budde 1991

Budde, L.: Qualitätssicherung beim Nieten: Möglichkeiten und Grenzen. Blech Rohre Profile 10 (1991) 4, S. 64-74.

Budde u.a. 1992

Budde, L. u.a.: Weiterentwicklung der Stanzniettechnik. Blech Rohre Profile 39 (1992) 4, S. 310- 313.

Burster 1992

Fa. Burster: Überwachungssystem für Einpreßvorgänge. Der Konstrukteur 6/92, S.36-37.

Christoffel 1984

Christoffel, K.: Werkzeugüberwachung beim Bohren und Fräsen. Dissertation RWTH Aachen, 1984.

Conrady 1995

Conrady, H. G.: Von der Werkzeugüberwachung zur Prozeßüberwachung in VDI Berichte 1179 Überwachung von Zerspan- und Umformprozessen. Düsseldorf: VDI-Verlag 1995.

Cramer 1994

Cramer, R.: Flexibel automatisierte Montage hochpoliger Rundkabel. Dissertation Universität Stuttgart. IPA-IAO Forschung und Praxis 211, Berlin: Springer 1988.

DIN EN 329

DIN EN 329: Ablaufgarnituren für Duschwannen. Allgemeine technische Anforderungen. Berlin: Beuth-Verlag 1993.

DIN 1319 1995 Teil 1

DIN 1319 Teil 1: Grundlagen der Meßtechnik - Grundbegriffe. Berlin: Beuth-Verlag 1985.

DIN EN ISO 8402 1995

DIN EN ISO 8402: Qualitätsmanagement Begriffe. Berlin: Beuth-Verlag 1995.

DIN 8580 1985

DIN 8580: Fertigungsverfahren. Begriffe, Einteilung. Berlin: Beuth-Verlag 1985.

DIN 8593 1985 Teil 0

DIN 8593 Teil 0: Fertigungsverfahren Fügen. Einordnung, Unterteilung, Begriffe. Berlin: Beuth-Verlag 1985.

DIN 8593 1985 Teil 5

DIN 8593 Teil 5: Fertigungsverfahren Fügen. Fügen durch Umformen. Einordnung, Unterteilung, Begriffe. Berlin: Beuth-Verlag 1985.

DIN EN ISO 9000 1995

DIN EN ISO 9000 - 9004: Qualitätssicherungssysteme. Berlin: Beuth-Verlag 1987.

DIN 19222 1985

DIN 19222: Leittechnik Begriffe. Berlin: Beuth-Verlag 1985.

DIN 45630 Blatt 1

DIN 45630 Blatt1: Grundlagen der Schallmessung - Physikalische und subjektive Größen von Schall. Berlin: Beuth-Verlag 1971.

DIN 45651

DIN 45651: Oktavfilter für elektroakustische Messungen. Berlin: Beuth-Verlag 1964.

DIN 45652

DIN 45652: Terzfilter für elektroakustische Messungen. Berlin: Beuth-Verlag 1964.

DIN 55350 Teil 11 1987

DIN 55350 Teil 11: Begriffe der Qualitätssicherung und Statistik, Grundbegriffe der Qualitätssicherung. Berlin: Beuth-Verlag 1987.

DIN 66201 1981

DIN 66201 Teil 1: Prozeßrechensysteme. Begriffe. Berlin: Beuth-Verlag 1981.

Dreher 1994

Dreher, H.: Montage von Schlauchschellen mit Industrierobotern. Dissertation Universität Stuttgart. IPA-IAO Forschung und Praxis 213, Berlin: Springer 1994.

Duda & Hart 1973

Duda, R. O.; Hart, P. E.: Pattern Classification and Scene Analysis. New York: John Wiley & Sons, 1973.

Eichler 1996

Eichler, R.: Prozeßsicherheit beim Einlippenbohren mit kleinsten Durchmessern. Dissertation Universität Stuttgart. Berichte aus dem Institut für Werkzeugmaschinen, Band 9, 1996.

Eimer 1992

Eimer, G.: Sound of Silence: Getriebegeräuschen auf der Spur. QZ 37 (1992) Heft 10, S. 605-608.

Emmerich 1991

Emmerich, H. H.: Flexible Montage von Leitungssätzen mit Industrierobotern. Dissertation Universität Stuttgart. IPA-IAO Forschung und Praxis 160, Berlin: Springer 1991.

Enderle 1984

Enderle, W.: Verfügbarkeitssteigerung automatischer Montagesysteme durch selbsttätige Behebung prozeßbedingter Störungen. Dissertation Universität Karlsruhe. Forschungsberichte aus dem Institut für Werkzeugmaschinen und Betriebstechnik der Universität Karlsruhe. Band 21. Karlsruhe: Schnelldruck Ernst Gräser, 1984.

Eppinger & Herter 1993

Eppinger, B.; Herter, E.: Sprachverarbeitung. München: Carl Hanser, 1993.

Euchner 1991

Fa. Euchner: Die Sprache der Maschine - Echtzeitanalyse von Körperschallsignalen aus Bearbeitungsprozessen. Fertigung, Oktober 1991

Eversheim 1989

Eversheim, W.: Organisation in der Produktionstechnik. Band 4 - Fertigung und Montage. 2. Aufl. Düsseldorf: VDI-Verlag 1989.

Fässler 1988

Fässler, H.: Concurrent Motion and Force Control for Robot Manipulators. Dissertation ETH Zürich, Nr. 8717, ADAG Administration & Druck AG, Zürich 1988.

Fasold u.a. 1984

Fasold, W. u.a.: Taschenbuch Akustik, Teil 1. Berlin: VEB Verlag Technik, 1984

Feldmann & Steber 1992

Feldmann, K.; Steber, M.: Screw Fastening in Flexible Automated Assembly with Computer-Integrated Process Control. Annals of the Cirp Vol. 41/1/1992.

Fellmann & Loos 1980

Fellmann, G.; Loos, W.: Kleines HiFi-ABC - 1210 definierte Fachausdrücke aus der HiFi-Technik. München: Franzis 1980.

Fischer 1990

Fischer, E. G.: Montage von Schrauben mit Industrierobotern. Dissertation Universität Stuttgart. IPA-IAO Forschung und Praxis 151, Berlin: Springer 1990.

Föhse 1990

Föhse, M.: Untersuchungen zur Bruchüberwachung vielschneidiger keramischer Stirnfräser. Dissertation Universität Hannover. Düsseldorf VDI-Verlag, 1990. Berichte aus dem Institut für Fertigungstechnik und spanende Werkzeugmaschinen, Reihe 18: Mechanik/Bruchmechanik.

Föllinger 1990

Föllinger, O.: Regelungstechnik: Einführung in ihre Methoden und Anwendung. 6.Aufl. Heidelberg: Hüthig, 1990.

FQS 1991

Forschungsgemeinschaft Qualitätssicherung e.V.: Modellgestützte Fehlerfrüherkennung in der spanenden Fertigung. FQS-Schrift Nr. 95-02, Beuth-Verlag, Berlin 1991.

Frankenhauser 1988

Frankenhauser, B.: Montage von Schläuchen mit Industrierobotern. Dissertation Universität Stuttgart. IPA-IAO Forschung und Praxis 125, Berlin: Springer 1988.

Freymann 1996

Freymann, R.: Von der Pegelakustik zum Sounddesign. In: Plenarvorträge und Fachbeiträge der 22. Deutschen Jahrestagung für Akustik, DAGA 96, Bonn.

Fröhling & Krapf 1987

Fröhling, B.; Krapf, K.-G.: Schwingungsüberwachung an Papiermaschinen mit Hilfe eines rechnergesteuerten Meßsystems. QZ 32 (1987) Heft 8, S. 385-388.

Gebauer 1992

Gebauer, K. P.: Fehlerfrüherkennung an CNC-Drehmaschinen. Dissertation Universität Darmstadt. Darmstädter Forschungsberichte für Konstruktion und Fertigung. München: Carl Hanser, 1992.

Gweon 1987

Gweon, D.: Fügen von biegeschlaffen Steckkontakten mit Industrierobotern. Dissertation Universität Stuttgart. IPA-IAO Forschung und Praxis 107, Berlin: Springer 1987.

Hänel 1996

Hänel, V.: Akustische Untersuchungen an Schrauben unter Zugbelastung. Dissertation TU-Berlin, Berlin 1996.

Hausmann 1988

Hausmann, A. Planung von Überwachungssystemen auf der Basis einer systematischen Ableitung des Überwachungsbedarfs - Ein Beitrag zur Auslegung flexibel automatisierter Montagesysteme. Dissertation RWTH Aachen, 1988

Henn u.a. 1984

Henn, H. u.a.: Ingenieurakustik. Wiesbaden: Friedr. Vieweg & Sohn, 1984.

Hering u.a. 1993

Hering u.a. (Hrsg): Qualitätssicherung für Ingenieure. Düsseldorf: VDI-Verlag, 1994.

Herres 1992

Herres, W.-U.: Prozeßüberwachung beim Feinschneiden. Dissertation RWTH Aachen. VDI-Verlag, Düsseldorf, 1992.

Holmes 1991

Holmes, J. N.: Sprachsynthese und Spracherkennung. München: Oldenbourg, 1991.

Husen 1994

Husen, H.: Überwachung paralleler Bohrprozesse. Dissertation Universität Hannover. . Berichte aus dem Institut für Fertigungstechnik und spanende Werkzeugmaschinen, Reihe 2: Fertigungstechnik, 1994.

Jauch 1993

Jauch, Th.: Automatisierte Montage nicht formstabiler Bauteile mit Industrierobotern - Konzepte für die Montage von Dichtungselementen. Dissertation Universität Kaiserslautern. Produktionstechnische Berichte Band 6, Karlsruhe: Schnelldruck Ernst Gräser, 1993.

Jenewein 1989

Jenewein, A.: Prozeßidentifikation beim Drehen mit Schneidkeramik mit Hilfe der Zerspankraftanalyse. Dissertation Universität Kaiserslautern. Produktionstechnische Berichte Band 1, Karlsruhe: Schnelldruck Ernst Gräser, 1994.

Jörissen 1990

Jörissen, H.: Dem Ausreißer auf der Spur - Verschärftes Produkthaftungsgesetz fordert betriebliche Maßnahmen. Industrie-Anzeiger 34 (1990), S. 22-23.

Janocha & Foth 1990

Janocha, H.; Foth, M.: Prozeßregelung für das Außenrundschleifen - Teil 2: Sensorsystem, Versuchserfahrungen, wt - Werkstattstechnik 80 (1990) S. 302-306.

Jiang u.a. 1987

Jiang, C.Y. u.a.: In-Process Monitoring of Tool Wear Stage by the Frequency Band-Energy Method. Annals of the Cirp Vol. 36/1/1987.

Kahlenberg 1993

Kahlenberg, R.: Integrierte Qualitätssicherung in Produktionssystemen. wt - Wissenschaft und Technik, 1993, 83, S. 36-39.

Kaiser 1950

Kaiser, J.: Untersuchungen über das Auftreten von Geräuschen im Zugversuch. Dissertation TU-München, 1950.

Kamiske & Theden 1995

Kamiske, G. F.; Theden, P.: Qualitätstechniken steigern die Rentabilität - Ergebnisse einer empirischen Untersuchung bei deutschen Unternehmen. QZ 40 (1995) Heft 11, S. 1263-1268.

Kirch 1983

Kirch, W.: Industrieroboter mit adaptiver Regelung in Fertigung und Montage. Werkstatt und Betrieb 116 (1983) 7, S. 401-452.

Kirchheim 1992

Kirchheim, A.: Prozeßüberwachung bei der Mehrschnittbearbeitung. Dissertation TU-Berlin. München: Carl Hanser, 1992. Produktionstechnik: Forschungsberichte für die Praxis Band 99.

Kirstein 1984

Kirstein, H.: Die sich ändernde Rolle der Qualitätssicherung in der Großserie - Beispiele aus der PKW-Fertigung. QZ 29 (1984) Heft 1, S. 1-8.

Klimmer u.a. 1994

Klimmer, M. u.a.: Höhere Produktivität ber der Zerspanung - Facharbeiterorientiertes Low-tech-Konzept zur Nutzung von Körperschall-Emissionen. VDI-Z 136 (1994), Nr.9, S. 33-39.

Kluft 1984

Kluft, W.: Werkzeugüberwachungssysteme für die Drehbearbeitung. Dissertation RWTH Aachen, 1984.

Klumpen 1994

Klumpen, Th.: Acoustic Emission (AE) beim Schleifen. Dissertation RWTH Aachen, Verlag Shaker Aachen, 1994.

König u.a. 1992a

König, W. u.a.: Rasch erkennen - Erhöhen der Prozeßzuverlässigkeit beim Spanen mit Überwachungseinrichtungen auf der Grundlage von Körperschall. Maschinenmarkt 98 (1992) 10, S. 34-36.

König u.a. 1992b

König, W. u.a.: Unter Kontrolle - Mittel und Methoden zur Prozeßüberwachung beim Drehen, Fräsen und Bohren. Maschinenmarkt 98 (1992) 6, S. 24-31.

König 1995

König, E.: Preßverbindung: Softwaregesteuerte Überwachungssysteme. Der Betriebsleiter 7-8/95, S. 48-50.

Köppe & Heid 1989

Köppe, D.; Heid, W.: Möglichkeiten und Grenzen von SPC. QZ 34 (1989) Heft 12, S. 682-687.

Kolb 1990

Kolb, H.-.: Werkzeuge für das Objektivieren und Automatisieren der akustischen Qualitätsprüfung. QZ 37 (1992) Heft 3, S. 161-164.

Kolerus 1980

Kolerus, J.: Schallemissionsanalyse. Teil 1 Schallemission: Entstehung, Ausbreitung und Anwendung. Technisch Messen tm. Heft 11. 47 (1980).

Kotterba 1991

Kotterba, B.: Lästige Geräusche und Schwingungen automatisch erkennen - Klappern gehört nicht mehr zum Handwerk. Automobil professional 1/91.

Kotterba & Schlegelmilch 1991

Kotterba, B.; Schlegelmilch, R.: Automatische Qualitätsprüfung von Keramikteilen - Objektive Klanganalyse zur automatischen Rißerkennung. QZ 36 (1991) Heft 10, S. 597-600.

Kotterba u.a. 1988

Kotterba, B. u.a.: Akustische Qualitätsprüfung in der Fertigung von Fahrzeugen und Aggregaten. QZ 33 (1988) Heft 4, S. 175-180.

Kühsel 1995

Kühsel, U.: Verfahren zur Prüfung der Qualität von Längspreßverbindungen. Offenlegungsschrift DE 4340669 A1. Deutsches Patentamt 1995.

Lang & Roth 1988

Lang, C.M.; Roth, G.: Sensor zum automatisierten Fügen formschlüssiger Welle-Nabe-Verbindungen. Konstruktion 40 (1988) S.217-220.

Lange 1983

Lange, J.: Möglichkeiten der Analyse von Geräuschsignalen beim Drehen. Dissertation TU-Berlin, 1983.

Lappe & Budde 1993

Lappe, W.; Budde, L.: Möglichkeiten der Prozeßüberwachung und Prozeßregelung beim mechanischen Blechfügen. In: Fügen im Vergleich, VDI-Berichte 1072, 1993, S. 109-119.

Lattka 1990

Lattka, A.: Maschinenwartung und -diagnose durch Schwingungsanalyse. QZ 35 (1990) Heft 5, S. 295-300.

Leymann-Matthaei 1990

Leymann-Matthaei; B.: Paßgenaue Sicherheit beim Einpressen durch elektronische Steuerung und Überwachung. Werkstatt und Betrieb 123 (1990) 11, S. 857-860.

Liebig & Mutschler 1993

Liebig, H. P.; Mutschler, J.: Qualitätsgrößen beim Stanznieten prozeßbegleitend überwachen. Bänder Bleche Rohre 5, 1993.

Lotter 1993

Lotter, B.: Integrierte Qualitätssicherung automatischer Montage. Der Betriebsleiter 5, 1993, S. 66-68.

Maier 1986

Maier, C.: Montageautomatisierung am Beispiel des Schraubens mit Industrierobotern. Dissertation TU-München. iwb-Forschungsberichte 3. Berlin: Springer 1986.

Martini 1987

Martini, M.: Methoden der Signalverarbeitung: Signalerkennung, Signaltransformation u. nachrichtentechnische Operationen. München: Franzis, 1987.

Masing 1994

Masing, W. (Hrsg.): Handbuch Qualitätsmanagement.. 3. Aufl. München: Hanser, 1994.

Mayer 1987

Mayer, E.: Qualitätssicherung bei Preßverbindungen. VFI 4/87, S. 56-57.

Mehles 1987

Mehles, H.: Analyse-Verfahren zur Maschinen- und Prozeßüberwachung. Dissertation RWTH Aachen VDI-Fortschritts-Berichte, Reihe 2: Fertigungstechnik, Nr. 139, Düsseldorf: VDI-Verlag 1987.

Meyen 1991

Meyen, H.-P.: Acoustic Emission (AE) - Mikroseismik im Schleifprozeß. Dissertation RWTH Aachen, 1991.

Molitor 1992

Molitor, M.: Fehlerfreiheit als Ziel - Akustische Wälzlagerfehlerdiagnose bei Schaltgetrieben. QZ 37 (1992) Heft 12, S. 735-739.

Milberg 1987

Milberg, J.: Sammelbecken aller Fehler. Moderne Fertigung, Juni 1987.

Neu 1995

Neu, S.: Entwicklung und Verifizierung eines Prozeßmodells für das Längspressen von Gummi-Metall-Verbindungen. Dissertation TU-Berlin. München: Carl Hanser, 1992. Produktionstechnik: Forschungsberichte für die Praxis, Band 164.

Niemann 1983

Niemann, H.: Klassifikation von Mustern. Berlin: Springer 1983.

Oppel 1994

Oppel, F.: Prozeßkraft- und Körperschallüberwachung an einer Stanzautomatenanlage. Blech Rohre Profile 41 (1994) 10 S. 680-684.

Pfeifer 1993

Pfeifer, T.: Qualitätsmanagement: Strategien, Methoden, Techniken. München: Carl Hanser, 1993.

Pfeifer & Bonse 1989

Pfeifer, T; Bonse, L.: Tendenzen zur Rechnergestützten Qualitätssicherung. In: Qualitätssicherung, VDI-Berichte 759, Düsseldorf: VDI-Verlag 1993, S. 121-148.

Pfeifer & Gimpel 1989

Pfeifer, T; Gimpel, B.: Konzepte zur Produkt- und Prozeßoptimierung. QZ 34 (1989) Heft 9, S. 495-496.

Profos & Pfeifer 1992

Profos, P.; Pfeifer, T.: Handbuch der industriellen Meßtechnik. 5. Aufl. München: Oldenbourg, 1992.

Quante & Fehrenbach 1984

Quante, F.; Fehrenbach, H:: Vergleich von Kraft-, Drehmoment- und Schwingungsanalysen hinsichtlich ihrer Eignung zur Bohrüberwachung. QZ 29 (1984) Heft 3, S. 75-78.

Reinfelder 1991

Reinfelder, A.: Verschleißidentifikation beim Drehen mit Schneidkeramik auf der Grundlage von Körperschallvorgängen. Dissertation Universität Kaiserslautern. Produktionstechnische Berichte, Band 5, Karlsruhe: Schnelldruck Ernst Gräser, 1991.

Reinhart 1987

Reinhart, G: Flexible Automatisierung der Konstruktion und Fertigung elektrischer Leitungssätze. Dissertation TU-München. iwb-Forschungsberichte 12. Berlin: Springer 1987

Reinhart 1994

Reinhart, G.: Wettbewerbsfähige Produktion - Voraussetzung für eine strategische Entscheidung. In: Milberg, J.; Reinhart, G. (Hrsg.): Unsere Stärken stärken - Der Weg zu Wettbewerbsfähigkeit und Standortsicherung. Münchner Kolloquium 1994 iwb München. Landsberg/Lech: Verlag Moderne Industrie 1994.

Reinhart u.a. 1996

Reinhart, G. u.a. (Hrsg): Qualitätsmanagement für Ingenieure und Praktiker. Berlin: Springer, 1996.

Reiter & Schleinkofer 1997

Reiter, R; Schleinkofer, A.: Der Elektromotor als flexibler Sensor - Ein Weg zur Verringerung der Prüfkosten bei automatischen Prüfstationen. QZ 42 (1997) Heft 4, S. 470-474.

Reithofer 1987

Reithofer, N.: Nutzungssicherung von flexibel automatisierten Produktionsanlagen. Dissertation TU-München. iwb-Forschungsberichte 10. Berlin: Springer 1987.

Riese 1988

Riese, K.: Klipsmontage mit Industrierobotern. Dissertation TU-München. iwb-Forschungsberichte 15. Berlin: Springer 1988.

Rinne & Mittag 1989

Rinne, H.; Mittag, H.-J.: Statistische Methoden der Qualitätssicherung. München: Carl Hanser, 1989.

Roth 1992

Roth, G.: Flexibel automatisierte Montage genormter Welle-Nabe-Verbindungen. Dissertation Universität Stuttgart. Institut für Werkzeugmaschinen 1992.

Rudolf 1992

Rudolf, H.: Schraubtechnik - Grundlagen, Schraubsysteme, Anziehverfahren. Landsberg: Verlag Moderne Industrie, 1984. (Bibliothek der Technik, 62).

Scharf 1994

Scharf, P.: Die automatisierte Montage mit Schrauben - Anforderungen, alternative Fügeverfahren, Wirtschaftlichkeit. Renningen-Malmsheim: exert-Verlag 1994.

Schehl 1991

Schehl, D.U.P.: Werkzeugüberwachung mit Acoustic-Emission beim Drehen, Fräsen und Bohren. Dissertation RWTH Aachen,1991.

Schlaich 1988

Schlaich, G.: Kabelbaummontage von Industrierobotern. Dissertation Universität Stuttgart. IPA-IAO Forschung und Praxis 125, Berlin: Springer 1988.

Schmitt-Thomas u.a. 1978

Schmitt-Thomas u.a.: Erscheinungsformen der Schallemission, Methoden zu ihrer Auswertung und ihre Zuordnung zu werkstoffkundlichen Vorgängen. In: Die Schallemissionsanalyse - Anwendungsmöglichkeiten und Grenzen eines zerstörungsfreien Prüfverfahrens. Köln: Verlag TÜV Rheinland 1978, S. 38-62.

Schönherr 1992

Schönherr, H.: Modellgestützte Verschleißdiagnose des Zerspanprozesses Drehen. Dissertation Universität Darmstadt. Darmstädter Forschungsberichte für Konstruktion und Fertigung. München: Carl Hanser, 1992.

Schmidt 1988

Schmidt, H.: Schalltechnisches Taschenbuch. 4. Aufl. Düsseldorf: VDI-Verlag 1988.

Schmidt 1989a

Schmidt, G.: Grundlagen der Regelungstechnik: Analyse und Entwurf linearer und einfacher nichtlinearer Regelungen sowie diskreter Steuerungen. 2. Aufl. Berlin: Springer, 1989.

Schmidt 1989b

Schmidt, K.-P.: Über Körperschall den Zustand einer Maschine ermitteln. VDI-Z 131 (1989), Nr.9, S. 140-142.

Schnorrenberg 1990

Schnorrenberg, W.: Spektrumanalyse: Theorie und Praxis. Würzburg: Vogel, 1990.

Schrüfer 1990a

Schrüfer, E.: Signalverarbeitung. München: Carl Hanser, 1990.

Schrüfer 1990b

Schrüfer, E.: Elektrische Meßtechnik. München: Carl Hanser, 1990.

Schubert u.a. 1995

Schubert, A. u.a.: Qualitätssicherung beim Längspressen - Prozeßdatenerfassung und -bewertung unter variablen Fügebedingungen. wt - Produktion und Management 85 (1995) S. 453-457.

Schwarz 1988

Schwarz, J.: Digitale Verarbeitung stochastischer Signale. München: Carl Hanser, 1988.

Schweizer & Frankenhauser 1988

Schweizer, M.; Frankenhauser, B.: Programmierbare, sensorgeführte Greifer für Industrieroboter. Konstruktion 40 (1988) S.213-216.

Seliger & Heinemeier 1990

Seliger, G.; Heinemeier, H.J.: Zylinderrollenlager sensorgestützt montieren. ZwF 85 (1990) Heft 8, S. 439-443.

Seliger u.a. 1993

Seliger, G. u.a.: Kraftgeregeltes Pressen mit Industrieroboter. ZwF 88 (1993) Heft 1, S. 7-9.

Sondermann & Thobaben 1992

Sondermann, J. P.; Thobaben, U.: Klappern, Quietschen und Knarren stören - Ein Meßsystem zum objektiven Beurteilen und Diagnostizieren von Fahrzeugaufbaugeräuschen. QZ 37 (1992) Heft 7, S. 413-415.

Souquet u.a. 1987

Souquet, P. u.a.: Tool Monitoring with Acoustic Emission Industrial Results and Future Prospects. Annals of the Cirp Vol. 36/1/1987.

Spur & Stöferle 1986

Spur, G.; Stöferle, Th. (Hrsg.): Handbuch der Fertigungstechnik. München: Carl Hanser, 1986.

Stearns 1988

Stearns, S. D.: Digitale Verarbeitung analoger Signale. 4. Aufl., München: Oldenbourg, 1988.

Teti 1989

Teti, R.: Tool Wear Monitoring through Acoustic Emission. Annals of the Cirp Vol. 38/1/1989.

Tilli 1993

Tilli, Th.: Mustererkennung mit Fuzzy-Logik: Analysieren, klassifizieren, erkennen und diagnostizieren. München: Franzis, 1993.

Tönshoff u.a. 1991

Tönshoff, H.K. u.a.: Qualitätsregelung in der Feinbearbeitung. VDI-Z 133 (1991), Nr.7, S. 58-63.

Trunzer 1995

Trunzer, W.: Strategien zur On-Line Bahnplanung bei Robotern mit 3D-Konturflogesensoren. iwb-Forschungsberichte 94. Berlin: Springer 1995.

TÜV AKADEMIE GmbH 1995

TÜV AKADEMIE GmbH (Hrsg.): Qualitätsmanagement - Beauftragter (QM-B). Schulungsunterlagen Modul 1.1C, Revision 2, Stand: Mai 95

Uebelhör 1994

Uebelhör, P.: Inprocess-Geometrievermessung beim Honen. Dissertation Universität Karlsruhe. Forschungsberichte aus dem Institut für Werkzeugmaschinen und Betriebstechnik der Universität Karlsruhe. Band 56. Karlsruhe: Schnelldruck Ernst Gräser, 1994.

VDI 2860 1990

VDI 2860: Montage- und Handhabungstechnik. Handhabungsfunktionen, Handhabungseinrichtungen; Begriffe, Definitionen, Symbole. Berlin: Beuth 1990.

VDI 3426 1975

VDI 3426: Adaptive Control (AC) an spanenden Werkzeugmaschinen. VDI-Handbuch Betriebstechnik, November 1975.

Veit 1977

Veit, I.: Industrielles Messen in der Akustik und Schwingungstechnik - eine Übersicht. Teil 1: Einführung in die Grundlagen der Schallausbreitung und Funktionsbeschreibung von Meßschallwandlern. Technisch Messen atm, Heft 5, 1977.

Vestweber 1988

Vestweber, B.: Analyse der Prozeß- und Störungserkennung beim Stanzen durch Messung der Kraft-Zeit-Verläufe. Dissertation Ruhruniversität Bochum, 1988.

Wack 1993

Wack, G.: Entwicklung von Fügestrategien für nicht formstabile Bauteile am Beispiel von O-Ringen und Faltenbälgen. Dissertation Universität Kaiserslautern. Produktionstechnische Berichte, Band 10, Karlsruhe: Schnelldruck Ernst Gräser, 1993.

Warnecke & Würtz 1991

Warnecke, H. J.; Würtz, G.: Der Robohammer - Prozeßüberwachung bei schlagendem Antrieb. SMM - Schweitzer Maschinenmarkt 47/1991, S. 88-89.

Warnecke u.a. 1989

Warnecke, G. u.a.: Prozeßüberwachung bei der Drehbearbeitung. wt - Werkstattstechnik 79 (1989) S. 497-501.

Warnecke u.a. 1991

Warnecke, G. u.a.: Schwingungen - Körperschallanalyse beim Drehen deckt Werkzeugverschleiß auf. Maschinenmarkt 97 (1991) 43, S. 48-52.

Warnecke u.a. 1993

Warnecke, H.-J. u.a.: Bleche sicher verbinden: Automatische Nietprozeßüberwachung. wt - Wissenschaft und Technik, Januar 1993.

Weck 1989

Weck, M.: Werkzeugmaschinen. Band 3 - Automatisierung und Steuerungstechnik. 3. Aufl. Düsseldorf: VDI-Verlag 1989.

Weck 1990

Weck, M.: Werkzeugmaschinen. Band 4 - Meßtechnische Untersuchung und Beurteilung. 3. Aufl. Düsseldorf: VDI-Verlag 1990.

Weighardt 1992

Weighardt, K.: Motorgeräusche sichtbar gemacht. Automobil professional 1/92.

Weis 1995

Weis, W. W.: Optical Tool Wear Measurement and Estimation of Tool Life Travel for Milling. Dissertation Universität Karlsruhe. Forschungsberichte aus dem Institut für Werkzeugmaschinen und Betriebstechnik der Universität Karlsruhe. Band 61. Karlsruhe: Schnelldruck Ernst Gräser, 1995.

Wendt 1992

Wendt, A.: Qualitätssicherung in flexibel automatisierten Montagesystemen. Dissertation TU-München. iwb-Forschungsberichte 57. Berlin: Springer 1992.

Wennström & Martensson 1988

Wennström, L., Martensson, N.: Force/Torque Sensing for Monitoring and Programming of Assembly Operations. Annals of the CIRP, Vol. 37/1/1988.

Westkämper & Möbus 1992

Westkämper, E.; Möbus, M.: Qualitätsregelkreise durch prozeßintegrierte Meß- und Prüftechnik. VDI-Z-Special Steuerungen, S.30-36, Oktober 1992.

Westkämper u.a. 1995

Westkämper, E. u.a.: Prozeßnahe Qualitätsprüfung. QZ-Beilage Zertifizierung Mai 1995, ZG 37-40.

Wiendahl & Ziersch 1982

Wiendahl, H. P.; Ziersch, W. D.: Untersuchung des Störungsverhaltens automatischer, verketteter Montageanlagen. wt - Zeitschrift für industrielle Fertigung 72 (1982) S. 275-279.

Wisbacher 1992

Wisbacher, J.: Methoden zur rationellen Automatisierung der Montage von Schnellbefestigungselementen. Dissertation TU-München. iwb-Forschungsberichte 49. Berlin: Springer 1992.

Wößner 1993

Wößner, J. F.: Automatische Montage von O-Ringen. Dissertation Universität Stuttgart. IPA-IAO Forschung und Praxis 174, Berlin: Springer 1993.

Wünsche & Heinzl 1993

Wünsche, Th., Heinzl, J.: Rückwirkungen bei Aktoren sensorisch nutzen. F&M 101 (1993) 5.

Würtz 1992

Würtz, G.: Montage von Preßverbindungen mit Industrierobotern. Dissertation Universität Stuttgart. IPA-IAO Forschung und Praxis 171, Berlin: Springer 1992.

Zeller 1995

Zeller, F.-J.: Sensorplanung und schnelle Sensorregelung für Industrieroboter. Dissertation Universität Erlangen. Fertigungstechnik Erlangen 51. München: Carl Hanser, 1995.

Ziersch 1984

Ziersch, W. D.: Strategien zur Leistungssteigerung von automatischen Montageanlagen durch zuverlässige Zuführsysteme. Dissertation Universität Hannover. Düsseldorf VDI-Verlag, 1984. Berichte aus dem Institut für Fabrikanlagen, Reihe 2: Betriebstechnik.

Zimmermann 1993

Zimmermann, H.-J.: Fuzzy Technologien - Prinzipien, Werkzeuge, Potentiale. Düsseldorf: VDI-Verlag, 1993.

Zorn 1991

Zorn, J.: Gedanken zum Umfang des Begriffs Qualität. QZ 36 (1991) Heft 10, S. 583-585.

Zwicker & Zollner 1987

Zwicker, E., Zollner, M.: Elektroakustik. Berlin: Springer 1987.

iwb Forschungsberichte

Berichte aus dem Institut für Werkzeugmaschinen und Betriebswissenschaften der Technischen Universität München

Herausgeber: Prof. Dr.-Ing. J. Milberg und Prof. Dr.-Ing. G. Reinhart

---

1 **Streifinger, E.**
Beitrag zur Sicherung der Zuverlässigkeit und Verfügbarkeit moderner Fertigungsmittel
1986. 72 Abb. 167 Seiten, ISBN 3-540-16391-3 — 68,- DM

2 **Fuchsberger, A.**
Untersuchung der spanenden Bearbeitung von Knochen
1986. 90 Abb. 175 Seiten, ISBN 3-540-16392-1 — 68,- DM

3 **Maier, C.**
Montageautomatisierung am Beispiel des Schraubens mit Industrierobotern
1986. 77 Abb. 144 Seiten, ISBN 3-540-16393-X — 68,- DM

4 **Summer, H.**
Modell zur Berechnung verzweigter Antriebsstrukturen
1986. 74 Abb. 197 Seiten, ISBN 3-540-16394-8 — 68,- DM

5 **Simon, W.**
Elektrische Vorschubantriebe an NC-Systemen
1986. 141 Abb. 198 Seiten, ISBN 3-540-16693-9 — 68,- DM

6 **Büchs, S.**
Analytische Untersuchungen zur Technologie der Kugelbearbeitung
1986. 74 Abb. 173 Seiten, ISBN 3-540-16694-7 — 68,- DM

7 **Hunzinger, I.**
Schneiderodierte Oberflächen
1986. 79 Abb. 162 Seiten, ISBN 3-540-16695-5 — 68,- DM

8 **Pilland, U.**
Echtzeit-Kollisionsschutz an NC-Drehmaschinen
1986. 54 Abb. 127 Seiten, ISBN 3-540-17274-2 — 68,- DM

9 **Barthelmeß, P.**
Montagegerechtes Konstruieren durch die Integration von Produkt- und Montageprozeßgestaltung
1987. 70 Abb. 144 Seiten, ISBN 3-540-18120-2 — 68,- DM

10 **Reithofer, N.**
Nutzungssicherung von flexibel automatisierten Produktionsanlagen
1987. 84 Abb. 176 Seiten, ISBN 3-540-18440-6 — 68,- DM

11 **Diess, H.**
Rechnerunterstützte Entwicklung flexibel automatisierter Montageprozesse
1988. 56 Abb. 144 Seiten, ISBN 3-540-18799-5 — 73,- DM

12 **Reinhart, G.**
Flexible Automatisierung der Konstruktion
und Fertigung elektrischer Leitungssätze
1988, 112 Abb. 197 Seiten, ISBN 3-540-19003-1 73,- DM

13 **Bürstner, H.**
Investitionsentscheidung in der rechnerintegrierten Produktion
1988, 77Abb. 190 Seiten, ISBN 3-540-19099-6 73,- DM

14 **Groha, A.**
Universelles Zellenrechnerkonzept für flexible Fertigungssysteme
1988, 74 Abb. 153 Seiten, ISBN 3-540-19182-8 73,- DM

15 **Riese, K.**
Klipsmontage mit Industrierobotern
1988, 92 Abb. 150 Seiten, ISBN 3-540-19183-6 73,- DM

16 **Lutz, P.**
Leitsysteme für rechnerintegrierte Auftragsabwicklung
1988, 44 Abb. 144 Seiten, ISBN 3-540-19260-3 73,- DM

17 **Klippel, C.**
Mobiler Roboter im Materialfluß eines flexiblen Fertigungssystems
1988, 86 Abb. 164 Seiten, ISBN 3-540-50468-0 73,- DM

18 **Rascher, R.**
Experimentelle Untersuchungen zur Technologie der Kugelherstellung
1989, 110 Abb. 200 Seiten, ISBN 3-540-51301-9 73,- DM

19 **Heusler, H.-J.**
Rechnerunterstützte Planung flexibler Montagesysteme
1989, 43 Abb. 154 Seiten, ISBN 3-540-51723-5 73,- DM

20 **Kirchknopf, P.**
Ermittlung modaler Parameter aus Übertragungsfrequenzgängen
1989, 57 Abb. 157 Seiten, ISBN 3-540-51724 73,- DM

21 **Sauerer, Ch.**
Beitrag für ein Zerspanprozeßmodell Metallbandsägen
1990, 89 Abb. 166 Seiten, ISBN 3-540-51868-1 78,- DM

22 **Karstedt, K.**
Positionsbestimmung von Objekten in der Montage-
und Fertigungsautomatisierung
1990, 92 Abb. 157 Seiten, ISBN 3-540-51879-7 78,- DM

23 **Peiker, St.**
Entwicklung eines integrierten NC-Planungssystems
1990, 66 Abb. 180 Seiten, ISBN 3-540-51880-0 78,- DM

24 **Schugmann, R.**
Nachgiebige Werkzeugaufhängungen für die automatische Montage
1990. 71 Abb. 155 Seiren, ISBN 3-540-52138-0 78,- DM

25 **Wrba, P**
Simulation als Werkzeug in der Handhabungstechnik
1990, 125 Abb., 178 Seiten, ISBN 3-540-52231-X 78,- DM

26 **Eibelshäuser, P.**
Rechnerunterstützte experimentelle Modalanalyse
mitells gestufter Sinusanregung
1990, 79 Abb., 156 Seiten, ISBN 3-540-52451-7 78,- DM

27 **Prasch, J.**
Computerunterstützte Planung von chirurgischen Eingriffen
in der Orthopädie
1990, 113 Abb., 164 Seiten, ISBN 3-540-52543-2 78,- DM

28 **Teich, K.**
Prozeßkommunikation und Rechnerverbund in der Produktion
1990, 52 Abb., 158 Seiten, ISBN 3-540-52764-8 78,- DM

29 **Pfrang, W.**
Rechnergestützte und graphische Planung manueller
und teilautomatisierter Arbeitsplätze
1990, 59 Abb., 153 Seiten, ISBN 3-540-52829-6 78,- DM

30 **Tauber, A.**
Modellbildung kinematischer Stukturen
als Komponente der Montageplanung
1990, 93 Abb., 190 Seiten, ISBN 3-540-52911-X 78,- DM

31 **Jäger, A.**
Systematische Planung komplexer Produktionssysteme
1991, 75 Abb., 148 Seiten, ISBN 3-540-53021-5 78,- DM

32 **Hartberger, H.**
Wissensbasierte Simulation komplexer Produktionssysteme
1991, 58 Abb., 154 Seiten, ISBN 3-540-53326-5 78,- DM

33 **Tuczek H.**
Inspektion von Karosseriepreßteilen auf Risse und Einschnürungen
mittels Methoden der Bildverarbeitung
1992, 125 Abb., 179 Seiten, ISBN 3-540-53965-4 88,- DM

34 **Fischbacher, J.**
Planungsstrategien zur strömungstechnischen Optimierung
von Reinraum-Fertigungsgeräten
1991, 60 Abb., 166 Seiten, ISBN 3-540-54027-X 78,- DM

35 **Moser, O.**
3D-Echtzeitkollisionsschutz für Drehmaschinen
1991, 66 Abb., 177 Seiten, ISBN 3-540-54076-8 78,- DM

36 **Naber, H.**
Aufbau und Einsatz eines mobilen Roboters mit
unabhängiger Lokomotions- und Manipulationskomponente
1991, 85 Abb., 139 Seiten, ISBN 3-540-54216-7 78,- DM

37 **Kupec, Th.**
Wissensbasiertes Leitsystem zur Steuerung flexibler Fertigungsanlagen
1991, 68 Abb., 150 Seiten, ISBN 3-540-54260-4 78,- DM

38 **Maulhardt, U.**
Dynamisches Verhalten von Kreissägen
1991, 109 Abb., 159 Seiten, ISBN 3-540-54365-1 78,– DM

39 **Götz, R.**
Stukturierte Planung flexibel automatisierter Montagesysteme
für flächige Bauteile
1991, 86 Abb., 201 Seiten, ISBN 3-540-54401-1 78,– DM

40 **Koepfer, Th.**
3D- grafisch-interaktive Arbeitsplanung - ein Ansatz
zur Aufhebung der Arbeitsteilung
1991, 74 Abb., 126 Seiten, ISBN 3-540-54436-4 78,– DM

41 **Schmidt, M.**
Konzeption und Einsatzplanung flexibel automatisierter
Montagesysteme
1992, 108 Abb., 168 Seiten, ISBN 3-540-55025-9 88,– DM

42 **Burger, C.**
Produktionsregelung mit entscheidungsunterstützenden
Informationssystemen
1992, 94 Abb., 186 Seiten, ISBN 5-540- 55187-5 88,– DM

43 **Hoßmann, J.**
Methodik zur Planung der automatischen Montage von nicht
formstabilen Bauteilen
1992, 73 Abb., 168 Seiten, ISBN 3-540-5520-0 88,– DM

44 **Petry, M.**
Systematik zur Entwicklung eines modularen Programm-
baukastens für robotergeführte Klebeprozesse
1992, 106 Abb., 139 Seiten ISBN 3-540-55374-6 88,– DM

45 **Schönecker, W.**
Integrierte Diagnose in Produktionszellen
1992, 87 Abb., 159 Seiten, ISBN 3-540-55375-4 88,– DM

46 **Bick, W.**
Systematische Planung hybrider Montagesyste unter
Berücksichtigung der Ermittlung des optimalen Automatisierungsgrades
1992, 70 Abb., 156 Seiten ISBN 3-540-55377-0 88,– DM

47 **Gebauer, L.**
Prozeßuntersuchungen zur automatisierten Montage
von optischen Linsen
1992, 84 Abb., 150 Seiten, ISBN 3-540- 55378-9 88,– DM

48 **Schrüfer, N.**
Erstellung eines 3D-Simulationssystems zur Reduzierung
von Rüstzeiten bei der NC-Bearbeitung
1992, 103 Abb., 161 Seiten, ISBN 3-540-55431-9 88,– DM

49 **Wisbacher, J.**
Methoden zur rationellen Automatisierung der Montage
von Schnellbefestigungselementen
1992, 77 Abb., 176 Seiten, ISBN 3-540-55512-9 88,– DM

50 **Garnich. F.**
Laserbearbeitung mit Robotern
1992, 110 Abb., 184 Seiten, ISBN 3-540- 55513-7 88,– DM

51 **Eubert, P.**
Digitale Zustandsregelung elektrischer Vorschubantriebe
1992, 89 Abb., 159 Seiten, ISBN 3-540-44441-2 — 88,- DM

52 **Glaas, W.**
Rechnerintegrierte Kabelsatzfertigung
1992, 67 Abb., 140 Seiten, ISBN 3-540-55749-0 — 88,- DM

53 **Helml, H.J.**
Ein Verfahren zur on-line Fehlererkennung und Diagnose
1992, 60 Abb., 153 Seiten, ISBN 3-540-55750-4 — 88,- DM

54 **Lang, Ch.**
Wissensbasierte Unterstützung der Verfügbarkeitsplanung
1992, 75 Abb., 150 Seiten, ISBN 3-540-55751-2 — 88,- DM

55 **Schuster, G.**
Rechnergestütztes Planungssystem für die flexibel automatisierte Montage
1992, 67 Abb., 135 Seiten, ISBN 3-540-55830-6 — 88,- DM

56 **Bomm, H.**
Ein Ziel- und Kennzahlensystem zum Investitionscontrolling komplexer Produktionssysteme
1992, 87 Abb., 195 Seiten, ISBN 3-540-55964-7 — 88,- DM

57 **Wendt, A.**
Qualitätssicherung in flexibel automatisierten Montagesystemen
1992, 74 Abb., 179 Seiten, ISBN 3-540-56044-0 — 88,- DM

58 **Hansmaier, H.**
Rechnergestütztes Verfahren zur Geräuschminderung
1993, 67 Abb., 156 Seiten, ISBN 3-540-56043-2 — 88,- DM

59 **Dilling, U.**
Planung von Fertigungssystemen unterstützt durch Wirtschaftlichkeitssimulation
1993, 72 Abb., 146 Seiten, ISBN 3-540-56307-5 — 88,- DM

60 **Strohmayr, R.**
Rechnergestützte Auswahl und Konfiguration von Zubringeeinrichtungen
1993, 80 Abb., 152 Seiten, ISBN 3-540-56652-X — 88,- DM

61 **Glas, J.**
Standardisierter Aufbau anwendungsspezifischer Zellenrechnersoftware
1993, 80 Abb., 145 Seiten, ISBN 3-540-56890-5 — 88,- DM

62 **Stetter, R.**
Rechnergestützte Simulationswerkzeuge zur Effizienzsteigerung des Industrierobotereinsatzes
1994, 91 Abb., 146 Seiten, ISBN 3-540-568891 — 88,- DM

63 **Dirndorfer, A.**
Robotersysteme zur förderbandsynchronen Montage
1993, 76 Abb, 144 Seiten, ISBN 3-540-57031-4 — 88,- DM

64 **Wiedemann, M.**
Simulation des Schwingungsverhaltens spanender Werkzeugmaschinen
1993, 81 Abb., 137 Seiten, ISBN 3-540-57177-9 — 88,- DM

65 **Woenckhaus, Ch.**
Rechnergestütztes System zur automatisierten 3D-Layoutoptimierung
1994, 81 Abb., 140 Seiten,ISBN 3540-57284-8 88,- DM

66 **Kummetsteiner, G.**
3D-Bewegungssimulation als integratives Hilfsmittel zur Planung manueller Montagesysteme
1994, 62 Abb.; 146 Seiten, ISBN 3-540-57535-9 88,- DM

67 **Kugelmann, F.**
Einsatz nachgiebiger Elemente zur wirtschaftlichen Automatisierung von Produktionssystemen
1993, 76 Abb., 144 Seiten, ISBN 3-540-57549-9 88,- DM

68 **Schwarz, H.**
Simulationsgestützte CAD/CAM-Kopplung für die 3D-Laserbearbeitung mit integrierter Sensorik
1994, 96 Abb., 148 Seiten, ISBN 3-540-57577-4 88,- DM

69 **Viethen, U.**
Systematik zum Prüfen in Flexiblen Fertigungssytemen
1994, 70 Abb., 142 Seiten, ISBN 3-540-57794-7 88,- DM

70 **Seehuber, M.**
Automatische Inbetriebnahme geschwindigkeitsadaptiver Zustandsregler
1994, 72 Abb., 155 Seiten, ISBN 3-540-57896-X 88,- DM

71 **Amann, W.**
Eine Simulationsumgebung für Planung und Betrieb von Produktionssystemen
1994, 71 Abb., 129 Seiten, ISBN 3-540-57924-9 88,- DM

72 **Schöpf, M.**
Rechnergestützes Projektinformations- und Koordinationssystem für das Fertigungsvorfeld
1997, 63 Abb., 130 Seiten, ISBN 3-540-58052-2 88,- DM

73 **Welling, A.**
Effizienter Einsatz bildgebender Sensoren zur Flexibilisierung automatisierter Handhabungsvorgänge
1994, 66 Abb., 139 Seiten, ISBN 3-540-580-0 88,- DM

74 **Zetlmayer, H,**
Verfahren zur simulationsgestützen Produktionsregelung in der Einzel- und Kleinserienproduktion
1994, 62 Abb., 143 Seiten, ISBN 3-540-58134-0 88,- DM

75 **Lindl, M.**
Auftragsleittechnik für Konstruktion und Arbeitsplanung
1994, 66 Abb,. 147 Seiten, ISBN 3-540-58221-5 88,- DM

76 **Zipper, B.**
Das integrierte Betriebsmittelwesen – Baustein einer flexiblen Fertigung
1994, 64 Abb., 147 Seiten, ISBN 3-540-58222-3 88,- DM

77 **Raith, P.**
Programmierung und Simulation von Zellenabläufen in der Arbeitsvorbereitung
1995, 51 Abb., 130 Seiten, ISBN 3-540-58223-1 88,- DM

78 **Engel, A.**
Strömungstechnische Optimierung von Produktionssystemen durch Simulation
1994, 69 Abb., 160 Seiten, ISBN 3-540-58258-4 — 88,– DM

79 **Zäh, M. F.**
Dynamisches Prozeßmodell Kreissägen
1995, 95 Abb., 186 Seiten, ISBN 3-540-58624-5 — 88,– DM

80 **Zwanzer, N.**
Technologisches Prozeßmodell für die Kugelschleifbearbeitung
1995, 65 Abb., 150 Seiten, ISBN 3-540-58634-2 — 88,– DM

81 **Romanow, P.**
Konstruktionsbegleitende Kalkulation von Werkzeugmaschinen
1995, 66 Abb., 151 Seiten, ISBN 3-540-58771-3 — 88,– DM

82 **Kahlenberg, R.**
Integrierte Qualitätssicherung in flexiblen Fertigungszellen
1995, 71 Abb., 136 Seiten, ISBN 3-540-58772-1 — 88,– DM

83 **Huber, A.**
Arbeitsfolgenplannung mehrstufiger Prozesse in der Hartbearbeitung
1995, 87 Abb., 152 Seiten, ISBN 3-540-58773-X — 88,– DM

84 **Birkel, G.**
Aufwandsminimierter Wissenserwerb für die Diagnose in flexiblen Produktionszellen
1995, 64 Abb., 137 Seiten, ISBN 3-540-58869-8 — 88,– DM

85 **Simon, D.**
Fertigungsregelung durch zielgrößenorientierte Planung und logistisches Störungsmanagment
1995, 77 Abb., 132 Seiten, ISBN 3-540-58942-2 — 88,– DM

86 **Nedeljkovic-Groha, V.**
Systematische Planung anwendungsspezifischer Materialflußsteuerungen
1995, 94 Abb., 188 Seiten, ISBN 3-540-58953-8 — 88,- DM

87 **Rockland, M.**
Flexibilisierung der automatischen Teilebereitstellung in Montageanlagen
1995, 83 Abb., 151 Seiten, ISBN 3-540-58999-6 — 88,– DM

88 **Linner, St.**
Konzept einer integrierten Produktentwicklung
1995, 67 Abb., 168 Seiten, ISBN 3-540-59016-1 — 88,– DM

89 **Eder, Th.**
Integrierte Planung von Informationssystemen für rechnergestützte Produktionssysteme
1995, 62 Abb., 150 Seiten, ISBN 3-540-59084-6 — 88,- DM

90 **Deutschle, U.**
Prozeßorientierte Organisation der Auftragsentwicklung in mittelständischen Unternehmen
1995, 80 Abb., !88 Seiten, ISBN 3-540-59337-3 — 88,- DM

91 **Dieterle, A.**
Recyclingintegrierte Produktentwicklung
1995, 68 Abb., 146 Seiten, ISBN 3-540-60120-1 — 88,- DM

92 **Hechl, Chr**
Personalorientierte Montageplanung für komplexe
und variantenreiche Produkte
1995, 73 Abb., 158 Seiten, ISBN 3-540-60325-5 88,– DM

93 **Albertz, F.**
Dynamikgerechter Entwurf von Werkzeugmaschinen – Gestellstrukturen
1995, 83 Abb., 156 Seiten, ISBN 3-540-60606-8 88,– DM

94 **Trunzer, W.**
Strategien zur On-Line Bahnplanung bei Robotern mit 3D-Konturfolgesensoren
1996, 101 Abb., 164 Seiten, ISBN 3-540-60961-X 88,– DM

95 **Fichtmüller, N.**
Rationalisierung durch flexible, hybride Montagesysteme
1996, 83 Abb., 145 Seiten, ISBN 3-540-60960-1 88,– DM

96 **Trucks, V.**
Rechnergestützte Beurteilung von Getriebestrukturen in Werkzeugmaschinen
1996, 64 Abb., 141 Seiten, ISBN 3-540-60599-8 88,– DM

97 **Schäffer, G.**
Systematische Integration adaptiver Produktionssysteme
1996, 71 Abb., 170 Seiten, ISBN 3-540-60958-X 88,– DM

98 **Koch, M. R.**
Autonome Fertigungszellen – Gestaltung, Steuerung und
integrierte Störungsbehandlung
1996, 67 Abb., 138 Seiten, ISBN 3-540-61104-5 88,– DM

99 **Moctezuma de la Barrera, J. L.**
Ein durchgängiges System zur computer- und roboterunterstützten Chirurgie
1996, 99Abb., 175 Seiten, ISBN 3-540-61145-2 88,– DM

100 **Geuer, A.**
Einsatzpotential des Rapid Prototyping in der Produktentwicklung
1996, 84 Abb., 154 Seiten, ISBN 3-540-61495-8 88,– DM

101 **Ebner, C**
Ganzheitliches Verfügbarkeits- und Qualitätsmanagement unter
Verwendung von Felddaten
1996, 67 Abb., 132 Seiten, ISBN 3-540-61678-0 88,– DM

102 **Pischeltsrieder, K.**
Steuerung autonomer mobiler Roboter in der Produktion
1996, 74 A., 171 Seiten, ISBN 3-540-61714-0 88,– DM

103 **Köhler, R.**
Disposition und Materialbereitstellung bei komplexen
variantenreichen Kleinserienprodukten
1997, 62 Abb., 177 Seiten, ISBN 3-540-62024-9 88,– DM

104 **Feldmann. Ch.**
Eine Methode für die integrierte rechnergestützte Montageplanung
1997, 71 Abb., 163 Seiten, ISBN 3-540-62059-1 88,– DM

105 Lehmann, H.
Integrierte Materialfluß- und Layoutplanung durch Kopplung von CAD- und Ablaufsimulationssystem
1997, 96 Abb., 191 Seiten, ISBN 3-540-62202-0 88,– DM

106 Wagner, M.
Steuerungsintegrierte Fehlerbehandlung für maschinennahe Abläufe
1997, 94 Abb., 164 Seiten, ISBN 3-540-62656-5 88,– DM

107 Lorenzen, J.
Simulationsgestützte Kostenanalyse in produktorientierten Fertigungsstrukturen
1997, 63 Abb., 129 Seiten, ISBN 3-540-62794-4 88,– DM

108 Krönert, U.
Systematik für die rechnergestützte Ähnlichteilsuche und Standardisierung
1997, 53 Abb., 127 Seiten, ISBN 3-540-63338-3 88,– DM

109 Pfersdorf, I.
Entwicklung eines systematischen Vorgehens zur Organisation des industriellen Service
1997, 74 Abb., 172 Seiten, ISBN 3-540-63615-3 88,– DM

110 Kuba, R.
Informations- und kommunikationstechnische Integration von Menschen in der Produktion
1997, 77 Abb., 155 Seiten, ISBN 3-540-63642-0 88,– DM

111 Kaiser, J.
Vernetztes Gestalten von Produkt und Produktionsprozeß mit Produktmodellen
1997, 67 Abb., 139 Seiten, ISBN 3-540-63

112 Geyer, M.
Flexibles Planungssystem zur Berücksichtigung ergonomischer Aspekte bei der Produkt- und Arbeitssystemgestaltung
1997, 85 Abb., 154 Seiten, ISBN 3-540-64195-5 88,– DM

113 Martin, C.
Produktionsregelung – ein modularer, modellbasierter Ansatz
1998, 73 Abb., 162 Seiten, ISBN 3-540-64401-6 88,– DM

114 Löffler, Th.
Akustische Überwachung automatisierter Fügeprozesse
1998, 85 Abb., 136 Seiten, ISBN 3-540-64511-X 88,– DM

115 Lindermaier, R.
Qualitätsorientierte Entwicklung von Montagesystemen
1998, 84 Abb., 164 Seiten, ISBN 3-540-64686-8 88,– DM

116 Koehrer, J.
Prozeßorientierte Teamstrukturen in Betrieben mit Großserienfertigung
1998, 75 Abb., 185 Seiten, ISBN 3-540-65037-7 88,– DM

Die Bände sind im Erscheinungsjahr und in den folgenden drei Kalenderjahren zu beziehen durch den örtlichen Buchhandel oder durch
Lange & Springer, Otto-Suhr-Allee 26-28, 10585 Berlin

GPSR Compliance

The European Union's (EU) General Product Safety Regulation (GPSR) is a set of rules that requires consumer products to be safe and our obligations to ensure this.

If you have any concerns about our products, you can contact us on ProductSafety@springernature.com

In case Publisher is established outside the EU, the EU authorized representative is:

Springer Nature Customer Service Center GmbH
Europaplatz 3
69115 Heidelberg, Germany

Batch number: 10704701

Printed by Printforce, the Netherlands